给孩子的AI启蒙书

李丹
著

"一次童年的奇思妙想，也许就是改变世界的伟大起点"

上海交通大学出版社
SHANGHAI JIAO TONG UNIVERSITY PRESS

## 内容提要

本书主要讲述了 11 岁的主角李东东在 AI 工具的帮助下，经历了一系列探险，获得智慧与勇气的精彩故事。在讲述故事中，不仅介绍了 AI 的基本概念和技术，如机器学习、深度学习以及各类智能应用，还展示了 AI 是如何影响日常生活，激发孩子们的好奇心和创造力的，是一次引领孩子们探索 AI 世界的奇妙之旅。本书适合对科技充满好奇的小读者们阅读，旨在培养孩子们对 AI 的兴趣，教会他们如何与 AI 友好相处，共同创造更美好的未来。无论是渴望探索未知的孩子，还是希望引导孩子步入科技世界的家长和教育者，都能从中获得启发和乐趣。

**图书在版编目（CIP）数据**

给孩子的 AI 启蒙书 / 李丹著 . -- 上海：上海交通大学出版社, 2024.8（2025.4重印）. -- ISBN 978-7-313-31425-3

Ⅰ . TP18-49

中国国家版本馆 CIP 数据核字第 2024K5B337 号

## 给孩子的 AI 启蒙书
GEI HAI ZI DE AI QI MENG SHU

| | | | |
|---|---|---|---|
| **著　者：** 李　丹 | | | |
| **出版发行：** 上海交通大学出版社 | | **地　址：** 上海市番禺路951号 |
| **邮政编码：** 200030 | | **电　话：** 021-64071208 |
| **印　制：** 苏州市越洋印刷有限公司 | | **经　销：** 全国新华书店 |
| **开　本：** 710mm×1000mm　1/16 | | **印　张：** 11.5 |
| **字　数：** 138千字 | | | |
| **版　次：** 2024年8月第1版 | | **印　次：** 2025年4月第2次印刷 |
| **书　号：** ISBN 978-7-313-31425-3 | | | |
| **定　价：** 68.00元 | | | |

# 推荐语

熊晓杰，时代文旅董事长，著名文旅战略营销专家

《给孩子的 AI 启蒙书》不仅仅是一场科技的盛宴，更是文化与未来交织的梦幻篇章，它不仅传授 AI 奥秘，更激发探索未知的渴望。"读万卷书，行万里路"，正如我们在文旅融合中寻求传统与现代的和谐共生那样，这本书也在科技与人文的交响中，播种下创新与梦想的种子。

李倩玲，碚曦投资管理集团创始人、营销科技播客「贝望录」出品人

《给孩子的 AI 启蒙书》就是那种会让你脑子里闪过一句"为啥我没有想到这个想法"的特别赞的想法！这本书是一部充满想象力和教育意义的作品，通过生动有趣的故事，向孩子们展示了人工智能的奇妙世界。科技从小开始！强烈推荐给所有对 AI 感兴趣的孩子和家长们。

刘思汝，传奇东方 CEO，中国电影领域杰出女性

《给孩子的 AI 启蒙书》如同一部精彩纷呈的儿童科幻电影，带着孩子们遨游在 AI 的奇妙世界。在这个世界里，孩子们会了解到，AI 不只是遥远的科技名词，它就在我们身边，是我们可以好好利用的工具，让每天的学习，生活和玩耍，都变得更加有趣丰富。希望每一位小读者都能成为自己梦想世界里的导演，演绎传奇。

杨飞，瑞幸咖啡首席增长官，畅销书《流量池》作者

在这个瞬息万变的时代，未来的竞争优势在于对新兴技术的敏锐洞察与创新应用。《给孩子的 AI 启蒙书》正是这样一把钥匙，它不仅为孩子们打开了通往智能世界的大门，更是在他们心中播种下创新的种子。

田雷，华东师范大学法学院副院长、教授、博士生导师

在这个科技与想象交织的时代，为孩子的心灵种下创新与智慧的种子，是每一位教育者温情的使命。本书中，作者以生动活泼的语言，将人工智能的奥秘编织进一个个引人入胜的故事中。我诚挚邀请每位家长与孩子一同翻开这本书，一起携手踏上这场奇妙的知识之旅，共同见证每一个小思想家的诞生。

张帅，阿里云市场部总经理，AI 科技品牌专家

AI 不只是一个工具，AI 是一种思考方式。这本书不仅深入浅出地介绍了 AI 的基础知识，还激发了孩子们的想象力和探索精神。它不仅是一本启蒙读物，更是启迪下一代科技领袖的宝贵资源。我相信每个读过此书的孩子都会对 AI 产生浓厚的兴趣，并在未来成为推动科技进步的重要力量。

蔺佳，美团市场部负责人，中美两地旅居的资深宝妈

这本书用充满想象力的故事，将抽象的 AI 概念变得生动有趣，增长知识的同时，激发孩子的创造力和探索欲。更重要的是，它还为家长提供了一个与孩子一起讨论科技话题的机会，促进了妈妈和宝贝的互动和共同成长。无论是热爱科学的小朋友，还是希望引导孩子步入科技世界的家长，都会从中受益。

前言

亲爱的小朋友们：

你们有没有幻想过拥有一支魔法画笔，它能够捕捉你们心中的每一个奇思妙想，当你说"画一条会飞的龙"时，它瞬间就能在纸上画出一条活灵活现的龙，在天空中腾云驾雾。

你们是不是也希望有一个超级无敌的小帮手，专门破解你们遇到的所有数学难题，无论何时何地，只要你们需要，它就会出现，像动画片里的魔法师那样，一步一步教你们打败那个叫作"难题怪兽"的家伙。

或者，你们是否幻想过有一个万事通的小伙伴，无论你们是在公园玩耍，还是在家捧着书本，它都能随时解答你们心中的"十万个为什么"。从蜜蜂为什么会采蜜，到天上究竟有多少颗星星，从恐龙时代到未来人类可能居住的火星家园，它都能为你们点亮智慧的明灯。

再或者，你们是否希望有一个流利说英语的小伙伴，无论清晨还是夜晚，只要你们想学习英语，它就能陪你们练习用英语对话、唱英语歌谣、玩英语游戏，让学习英语变成一场快乐的探险。

现在，这一切都不再只是童话故事，因为有了 AI。这个神奇的朋友，就像一个装满魔法道具和智慧锦囊的百宝箱，它可以陪你们一起创作五彩斑斓的画作；一起攻克数学难关；一起在知识的海洋里遨游；一起编写属于你们自己的奇妙故事。

当你们对大自然充满疑问，想要知道鸟儿为什么会飞、彩虹为什么有七种颜色时，AI就会变成一位超级探险队长，带领你们穿越森林、跨过河流，探寻大自然的秘密花园。当你们对高科技充满好奇，想要知道电脑怎样思考、机器人怎样学习时，AI又会化身为机智的发明家，和你们一起揭开科技的神秘面纱。

所以，小朋友们，当你们的心中涌现出一个个"为什么"的时候，别犹豫，大胆地去追寻答案吧！AI会一直陪伴在你们左右，手持魔法棒，帮助你们把好奇心变成一颗颗闪闪发光的宝石，让每一次探索都像一场充满欢笑和惊喜的游戏。

现在，就让我们一起来翻开这本神奇的书，开始一段跌宕起伏、充满奇幻的发现之旅吧！在这段旅途中，每一个问题都是一扇通往神奇世界的大门，每一次动手尝试都是对未知世界的英勇挑战。让我们借着AI的翅膀，点燃你们心中的每一个梦想火花，让好奇心成为指引你们前行的北斗星，照亮你们探索世界的每一段旅程。

一次童年的奇思妙想，也许就是改变世界的伟大起点！

李丹

2024 年 5 月，于中国成都

# 目录

## 人物介绍

### 陈西西

初中三年级学生，一个品学兼优、内心
细腻的乖乖女。

### 李东东

小学五年级学生，一个充满活力、想象
力丰富的好奇小子。

## 第一章

### 嘘！悄悄潜入AI的奇妙世界

#### 神秘包裹里的惊喜与科学知识挑战大赛

太阳公公刚刚起床，第一束调皮的阳光就偷偷溜进了李东东的房间，暖洋洋地挠醒了正在做着美梦的他。今天是李东东的 11 岁生日，他就像装了弹簧一样，噌地一下从床上跳了起来，脸上满是掩饰不住的喜悦和期待。

"哇！这是什么？"李东东看见桌子上放着一个包装精美的礼物盒，看上去就像是从糖果城堡里偷跑出来的艺术品，还戴着五彩斑斓的丝带王冠。

亲爱的东东弟弟：

Happy Birthday！猜猜这个礼物是什么？它能帮你变成科学小侦探，探索宇宙奥秘哦！

永远爱你的西西

一张小纸条在微风中跳舞，上面是姐姐陈西西的字迹。

看完姐姐留的纸条，李东东的目光紧紧盯着这个神秘礼物盒，心里的小鼓咚咚咚地敲个不停。他小心翼翼地拆开彩虹般的包装纸，就像打开层层宝藏地图。终于，一个方盒出现在他眼前，好像月亮仙子的宝盒。李东东屏住呼吸，轻轻地揭开了盒盖……

李东东还未反应过来，一个小小的身影从盒子里腾空而出。只见它的身体是由洁白柔软的云朵构成，头顶还有一颗熠熠生辉的星星，仿佛闪烁着智慧的光芒。最引人注目的是它身下那两个小巧精致的飞行器，就像两枚迷你版的火箭引擎推动着这个神气的小可爱灵活地上下翻飞。

"你好！李东东，我是你的个人 AI 助手。"它突然发出了声音，李东东吓了一跳，惊讶地说道："哇！它会说话！"他的心跳加速，眼睛紧紧盯着这个像云朵的家伙，心中充满了好奇。

李东东还未反应过来，这个像云朵的家伙又欢快地开口了："嘿！李东东同学，你吃惊的样子真可爱！自我介绍一下我叫云小淘，我可以用我机灵的小脑袋帮助你解决难题哦！我名字里的'云'就像天空中软绵绵的云朵，代表着我能遨游在互联网的'云端'，随时为你找寻你需要的知识。而'淘'，就好像你在沙滩上快乐地淘宝贝，我会用我的智慧，帮你发现学习的乐趣，解决生活中的小谜团。非常开心成为你探索世界的伙伴，让我们一起开启这场妙趣横生的 AI 之旅吧！"

"AI 是什么？"李东东的心中涌出一个大大的疑问，他还没来得及问云小淘，瞄了一眼墙上的卡通挂钟，哎呀，大事不妙！快迟到了！他一把抓起早就收拾好的书包，嗖地一下，像火箭发射一样冲出了家门。李东东在熙熙攘攘的街道上穿梭，一路小跑，赶在车门关闭之前跳上了校车。

坐在校车上，李东东思绪如飞，虽然他还不知道 AI 是什么，但是感觉很厉害的样子。他想象着云小淘化身为学习超人，帮他击退难题怪兽，和他一同驾驶知识飞船穿越科学宇宙。

校车到了学校门口，李东东一路小跑，就像踩着风火轮一样，呼哧呼哧赶着上课铃响的尾巴冲进了教室，额头冒出了细细的汗珠，小心脏还怦怦地跳个不停。这时候，走廊那头走过来一个熟悉的身影，班上的"大明星"——小刚。

小刚瞄了一眼气喘吁吁的李东东，嘴角悄悄勾起一抹得意的小月牙，不屑地说道："下次早点起床！别老是差一点就迟到，这样怎么能追得上我呢？"李东东听后内心毫无波澜，他早已习惯了小刚对他的不友好。因为小刚觉得学习就得规规矩矩，照着书本一字一句地啃，而李东东那些天马行空的想法在他眼里就是"开小差"。

所以，他时常摆出一副"智力王者"的架势，在课堂答题时嗓门赛过喇叭，仿佛生怕别人忽略了他的机智。公布分数时，他总能在李东东眼前刷足存在感，得意洋洋地展示他的满分战绩。有一次，李东东碰到数学难题，他鼓起勇气向小刚求助。谁知，小刚非但没伸出援手，反倒在众人面前上演了一场"智商碾压秀"，夸张地嘲笑李东东连这么简单的题目都解不出来，这让李东东尴尬得耳朵都红透了。

叮铃铃，上课铃响了，班主任精神抖擞地走进教室，带来了一个激动人心的消息："学校将要举办一场超级炫酷的科学知识挑战大赛，希望大家积极报名，组队参赛，一起探索科学世界！"

小刚仗着自己的"江湖地位"，很快就拉拢了一帮尖子生，组成了一支名叫"梦之队"的超级小组。可怜的李东东想寻找队友，却发现很多同学都被小刚"收编"了。

放学回家，陈西西看见李东东垂头丧气的样子，温柔地问道："东东，你怎么了？学校里出什么事了？"看着陈西西关心的眼神，李东东再也憋不住了，一股脑儿把自己被迫单打独斗的事告诉了陈西西。

没想到，陈西西听了之后，不但没担心，反而"噗嗤"一声笑了，拍着李东东的肩膀，神神秘秘地说："东东，你忘了自己的生日礼物了吗？那个拥有超能力的云小淘能帮你解决好多问题，包括这次的科学知识挑战大赛哦！有云小淘在，就算你一个人参赛，也没有问题的！"

李东东听到这里，眼睛一亮，迅速朝安静待在角落的云小淘走去，满怀希望地问："云小淘，你能帮我准备科学知识挑战大赛吗？"云小淘立马回应道："当然可以！东东，我背后可是有许多超级厉害的朋友，比如'豆包''通义''Kimi'，等等。它们都是鼎鼎有名的 AI 工具，能快速解答各种问题。"

李东东兴奋极了，继续追问道："对了，云小淘，你还没告诉我，到底什么是 AI 呢？"

云小淘嘿嘿一笑，耐心解释道："AI 呀，就像动画片里的智能机器人，它是由人类制造的聪明大脑，能够学习、理解和解决问题。AI 中的'A'，它代表 Artificial，意思是人工的，'I'代表 Intelligence，意思是智能。所以，AI 就是 Artificial Intelligence，也就是人工智能，或者说是人造的智能。它能够像人类一样学习新事物，理解复杂的概念，甚至解决问题。"

云小淘在空中自由地旋转着，继续说道："我还给你准备了一个秘密法宝呢！瞧，这枚智能徽章能让你随时和那些 AI 朋友沟通，不管遇到什么困难，它们都会帮你一一化解哦！"

李东东接过徽章，脸上写满了惊讶和欢喜，他接连问道："真的吗？这枚智能徽章真的有用吗？它能怎么帮我？"云小淘笑着说道："东东，不要小看这徽章哦！它可是连接我们的桥梁。从今天起，无

论是上学路上，还是课间休息，你都可以通过这枚徽章与我对话。我会在不被人察觉的情况下，陪你练习，让你的实力突飞猛进！"

李东东决定试试看。从此，校园里多了一位看似普通却又不平凡的小学生。在同学们眼中，李东东似乎总是对着空气自言自语，或是对着徽章发呆，却不知这是他与 AI 朋友们的秘密交流时刻。

早晨，当李东东穿梭在校园的林荫道上，智能徽章轻轻震动，

云小淘的声音在脑海中响起："东东，今天的挑战是：如果地球突然停止转动，会发生什么？"李东东边走边思考，偶尔喃喃自语，路人只当他是自说自话，殊不知，他已在与 AI 进行着一场思维的赛跑。

课间，当其他孩子嬉戏打闹时，李东东则坐在操场一角，通过智能徽章与云小淘一起探讨黑洞的奥秘。就连在去上厕所的路上，李东东也不放过学习的机会，虚心地向云小淘请教为什么彩虹会呈现七种颜色。

这短暂的时光也变得充实有趣。这一切，都在悄悄地改变着李东东，让他在知识的海洋中越游越远，越潜越深。他不再是那个被小刚嘲笑的"慢半拍"差生，而是胸有成竹、充满自信的挑战者。

科学知识挑战大赛的举办当天，李东东穿着整齐的校服，胸脯上别着智能徽章，感觉全身都充满了力量和信心。

这时，智能徽章突然轻轻振动，一个熟悉而温暖的声音在他耳边响起："东东，需要我在比赛时给你提示吗？万一遇到难题，我可以悄悄帮你哦！"这声音，正是云小淘的。

李东东停下脚步，低头望向那枚徽章，嘴角扬起微笑："谢谢你，云小淘。这一路走来，你就像超级英雄的装备，让我变得更强。但这一次，我想自己上场。就像动画片里的主角，总要独自面对最终的大Boss，对不对？"

徽章闪烁了几下，仿佛云小淘在点头："东东，你长大了，我相信你可以的！就算我不在场，我的魔法也会一直守护着你，加油！"

李东东挺胸抬头，带着来自 AI 朋友的支持和鼓励，独自迈进了赛场。观众席上的同学们看到李东东一人入场，都小声议论着："他一个人，能行吗？"

预赛的战斗号角一响，李东东迎来了他第一个对手——隔壁班赫赫有名的学霸小杰和他的"铁甲战队"。主持人高亢激昂地抛出了第一题："小勇士们，请运用生物、物理、化学的魔法棒，揭示蝴蝶翅膀色彩斑斓的秘密！"主持人说完，所有观众的目光如同无数聚光灯齐刷刷聚焦在舞台上，现场气氛紧张得仿佛能拧出水来。

李东东率先举手，如同揭幕魔法师一般开始了他的奇妙解读："首先让我们打开生物魔法宝箱，蝴蝶翅膀上的缤纷色彩，其实是源于那些细小而神奇的鳞片。这些鳞片蕴含着各种色素精灵，像黑色素、黄色素的类胡萝卜素大军，它们听从基因大师的指挥，排列在翅膀鳞片的细胞宫殿里，各司其职，共同编织出色彩斑斓的画卷，就像是大自然亲手画下的彩色拼图。"

李东东适时转换话题，继续揭秘："接下来轮到物理魔法登场，蝴蝶翅膀上的鳞片，其实是个微观的光影魔术师，它们表面有精致的凹凸纹理，就像微型的棱镜剧场。当阳光照射过来，不同波长的光被鳞片巧妙地分散、反射和干涉，就如同在翅膀上演绎了一场绚丽的彩虹剧目，使得原本单一的颜色瞬间丰富起来，变幻无穷！至于化学方面，这些色素的稳定性受到环境因素的影响，比如 pH 值的改变可能导致色素分子结构变化，从而影响翅膀颜色的表现。而色素的生成过程，实质上是一系列复杂的生物化学反应的结晶。"

　　周围的同学们瞪大了眼睛，看着李东东，就像是看到了动画片里

的大英雄。他们万万没想到，李东东竟如此厉害，能够快速精准把握问题核心，还能像说童话故事一样，让枯燥的知识变得有趣又深刻。

反观小杰和他的"铁甲战队"，虽然回答得也相当出色，但与李东东活灵活现、跨领域融合的视野相比，他的答案缺少了一些生动。最终，李东东凭借他那精彩纷呈的解答和扎实的知识基础，成功战胜了小杰，帅气地挥舞着知识的旗帜，一路过关斩将踏入了决赛的大门。

决赛的钟声如期敲响，李东东独自一人踏上了舞台，迎接他的正是预赛中未曾交锋的小刚和他的"梦之队"。小刚他们个个都挂着傲

娇的微笑，看到李东东孤身一人闯进决赛，他们的眼里先是闪过一丝惊讶，随后又换成了带点儿嘲笑的轻视。小刚故意逗趣道："李东东，我还以为你会拉个帮手来呢，结果就你一个人？看来这次你是输定了。"李东东对小刚的玩笑话毫不在意，他微微一笑，想起了云小淘一同训练的日日夜夜，眼睛里闪烁着坚毅的光芒，仿佛一切尽在掌握之中。

终于，在决赛的最后环节，主持人扔出了一个重磅炸弹："城市交通拥堵是个世界难题，请你们设计一个未来的智能交通系统，让它既能减少堵车，又能提高道路使用效率，尽情发挥你们的想象力，描绘一幅美好的未来交通图景吧！"

这个问题一出，现场的空气瞬间凝固，小刚嘴角掠过一丝狡黠的笑，仿佛在说："哼！李东东你怎么可能想得出这么复杂的问题的答案？"他和他的队友们心照不宣地交换了眼神，显然他们对这个问题早有准备，毕竟他们在之前的赛前准备中，专门研究过类似的题目。

小刚胸有成竹地站了起来，开始展示他们的智能交通管理方案，包括拓宽马路、优化公交线路、推广共享单车，还提出一个基于大数据的实时交通预测与调度系统。小刚自认为这套方案无懈可击，回答完后满意地坐回座位，脸上洋溢着胜利者的笑容，眼神挑衅地扫过李东东，仿佛在说："看！这才叫真本事。"周围的同学们也为李东东捏了把汗，他们知道李东东虽然聪明，但这道题显然已经超出了他们这个年龄的知识体系，不知道他能不能逆袭。

轮到李东东上场了，他深吸一口气，目光坚定，在和云小淘训练的日子里，虽然没有练习到一模一样的题目，但相关知识和思维技巧

却是烂熟于心。智能徽章在他胸前微微闪光，虽然无法给到李东东提示，但仿佛在给他输送无尽的智慧。李东东开始了他的演讲，他的声音沉稳有力，充满自信。

"未来的城市交通，将不再是一条条死板的公路，而是一个生机勃勃、智能高效的生态系统。"李东东一开口就抓住了所有人的心。他提出一套集自动驾驶汽车、聪明的红绿灯、大数据分析和共享出行于一体的完美解决方案。他详细解释了怎么用 AI 和大数据来预知交通流量，怎么通过智能算法规划最佳路线，以及怎么通过各种奖励机制鼓励大家少开私家车。

李东东继续描绘了一幅令人向往的未来交通画面：未来的马路上，每一辆车都是自动驾驶的，它们组成一个超级智能网络，不再是各自为战的孤独战士。车与车、车与路之间可以随时"聊天"，共同商量出最快的路线，这样马路就像变宽了一样，堵车的烦恼自然就消失了。

李东东还畅想了新一代的智能交通信号系统，它不再是傻乎乎地按照固定的时间表变灯，而是能根据实时的车流量和预测模型，灵活调整红绿灯的节奏，保证车辆一路绿灯，畅通无阻。此外，他还提出打造一个无所不能的共享出行平台，把地铁、公交、出租车、共享单车等所有交通工具都装进去，让大家出门选择交通工具就像点菜一样便捷。

更令人惊讶的是，李东东提出了一个大胆的想法：模块化的公共交通系统。这种公交车能像积木一样，根据需要拼接车厢，高峰期就多接几节，低峰期就减掉几节，完美匹配乘客的需求。并且，它还配备了最顶尖的信息技术，能实时监控交通状况和乘客需求，自动调整车辆的编组和运行路线，大大提高了运营效率和服务水平。李东东甚至还脑洞大开，设想未来的公交车能在空中和地面之间自由切换，彻底打破二维交通的限制。

李东东的演讲结束后，全场掌声雷动。小刚和他的队友们目瞪口呆，观众们欢呼雀跃，陈西西更是激动得热泪盈眶。李东东在没有 AI 助手的帮助下，用自己的智慧和勇气，成功破解了这个看似无解的城市交通难题，向所有人证明了自己的实力。这场比赛，李东东无疑是最大的赢家。

## 揭秘！那个叫 AI 的超级大脑朋友是谁？

科学知识挑战大赛圆满结束，回家的路上，夕阳的余晖洒在大赢家李东东身上，迎接他的是陈西西满怀喜悦的拥抱。陈西西紧紧搂住李东东，赞许道："东东，你今天的表现真是棒极了！你的方案连我都觉得惊艳。"

李东东面露羞涩，带着一丝谦逊与感激回应："其实，很多创意和知识并非我独自想出来的，都要感谢云小淘在平时的练习中对我的

指导。它实在是太神奇了，懂得那么多我所不知道的东西。"

云小淘及时插话："这些都要归功于 AI。它就像一个永不疲倦的学生，能一口气读完图书馆所有的书，并迅速提炼出其中的智慧精华。它掌握自然语言，能跟人们聊天讲故事，还能看懂图画背后的深意。

更厉害的是，面对问题，AI 不单单只会机械执行，还会像下棋高手那样自我修炼，不断提升对策。"

李东东听得津津有味，忍不住问道："所以，AI 就是智能机器人吗？"云小淘回应说："可以这么说，但不是所有的智能机器人都是AI。有些只是按照剧本行事，而真正的 AI，则是在学习中进化，在遇到新情况时能够自主决策。"

李东东挠头思索："那 AI 会有感情吗？"云小淘闪烁着智慧蓝光："虽然 AI 能识别人类情绪并模拟回应，但它并不会真的体验情感，更像是扮演而非感受。不过，它在这方面会越来越擅长，未来的服务和沟通也会更加贴心。"

李东东的眼睛亮了起来："那 AI 会比人类更聪明吗？"云小淘谦逊又自信地展示了 AI 发展的历史进程缩影，说："AI 确实在不少领域超越了人类，但总体来说，它还在不断地学习与改进中。人类智慧的全面性和灵活性目前仍难以复制，不过科技的不断进步正在逐渐缩小 AI 和人类之间的差距。"

陈西西在一旁表示赞同，提议道："东东，如果你想知道 AI 是如何一步步发展走到今天的，我们可以来一场 AI 时空探险！"

李东东瞪大了双眼，难以置信地看着眼前的云小淘，兴奋之情溢于言表。他激动得几乎跳了起来："云小淘，这简直太酷炫了！你能带我亲眼见证 AI 的发展历程吗？这就像科幻电影一样不可思议！"他的声音因激动而微微颤抖，眼神中闪烁着对未知世界的好奇与向往。

正当李东东满心期待地凝视着云小淘时，这个智能小家伙突然激活了隐藏在其内部的"时空涡轮"，屏幕瞬间绽放出五彩斑斓的神秘符文，犹如古老的预言家正在编织跨越时空的咒语。"嘿！小勇士李东东，扣紧你的想象安全带，我们要搭乘'智慧时光机'，一起回到 AI 的诞生之地，探索它的进化之旅喽！"云小淘的声音此刻像是被赋予了星际魔法师的力量，低沉又富有磁性。

只见云小淘底部悄然展开，宛如一朵机械莲花绽放出一圈圈精密

复杂的光环结构，熠熠生辉。这光环中央，一股蕴含着高科技魔力的能量开始汇聚，准备开启他们的奇幻旅程。

李东东的眼眸中映射出房间角落逐渐消失的景象，取而代之的是朦胧且流淌着未来光辉的画面。空气仿佛凝结成了液态的科技水晶，散发出令人惊叹的光芒。就在这一刻，一道蕴藏着无尽知识的温润光束自光环中迸发而出，形成一个炫目的光幕护盾，紧紧包裹住了他。

周围的空间瞬息万变，他们仿佛穿行于一条由无数星光织就的数据河流之中，时间在此刻仿佛失去了原有的节奏，如画卷般向后疾驰……

## 小丹叔叔互动时间

1. 嘿！小朋友们，现在你们知道 AI 是什么了吗？这里的"A"和"I"又分别指什么呢？

2. AI 是机器人吗？如果 AI 也能像哆啦 A 梦一样拥有情感芯片，会笑会哭，那它会有情感吗？它会在智慧的道路上彻底超越人类，成为宇宙的首席学霸吗？

## 第二章

## 回到过去——AI的诞生记与传奇冒险史

### 时光隧道：第一台会"思考"的机器与图灵测试

当光环逐渐消散，李东东已经站在一个充满复古风格的实验室中。这里充满了电子管的嗡嗡声和纸张翻动的沙沙声，墙上挂着的是那个时代的科学家们的肖像，他们的眼神透露着对未知世界的渴望和探索。

李东东瞪圆了眼，像看见了外星飞船一样惊奇，只见房间中央有一座超大的机器，就像科幻电影里的金字塔威武地立在那里，闪闪发光的金属面板就像一面面镜子，反射出人类最聪明的头脑创造出的神奇魔法。那些弯弯曲曲的电线就像大树的枝叶，传递着能量，让这个大怪物活灵活现，充满力量。

云小淘这时候说话了："东东，我们现在是在 1946 年的美国宾尼法尼亚大学，你眼前的这个'巨兽'就是 ENIAC，人类历史上第一台通用计算机。它的全称是 Electronic Numerical Integrator And Computer，也就是电子数字积分计算机。它是由约翰·莫奇利（John W. Mauchly）、约翰·普雷斯珀·埃克特（J. Presper Eckert）、约翰·冯·诺依曼（John von Neumann）和赫尔曼·戈德斯坦（Herman Goldstine）共同创造的。他们可是用尽了当时所有的技术，才让这个智慧盒子运转起来。"

云小淘继续说道："ENIAC 大约由 17468 个真空管、7200 个晶体二极管、1500 个继电器以及大量的电阻和电容组成。它就像是一个超级大的机器怪兽，里面有很多的电线和零件，足足有 30 吨重，需要很多的电才能工作。"

ENIAC 就像一座由电线和大号真空管构建的科技城堡，每一块面板、每一根电线都藏着科学家们对知识的热烈追寻和无比坚持的故事。李东东小心翼翼地靠近它，仿佛能感受到它的"心跳"。他瞪大眼睛看着一排排闪烁的灯泡，耳朵捕捉到电子管工作时微弱的"噼啪"声，暗自琢磨：科学家们在那个计算器都还没普及的年代，是怎么用这些比自己还壮实的零件搭出一个能做超级复杂计算的"神器"的呢？

云小淘笑着说："ENIAC 可是开启计算机时代大门的大英雄哦！它不仅是台机器，更是人类智慧的大明星。没有它，就没有我们现在这么酷炫的智能设备。"

ENIAC 庞大的身躯犹如科技神殿中供奉的巨神，雄伟壮观，气场十足，相比之下，李东东和云小淘就像两只站在巨人脚边的小蚂蚁。不过，虽然他们体积相差巨大，但是他们都是人类对聪明机器痴迷追求的缩影，共同肩负着穿越时空、连接梦想的伟大使命。

正当李东东被 ENIAC 的气场深深震撼，陷入历史的遐想时，云小淘突然说道："东东同学，我们的时空旅行可才开始呢。接下来，我要带你去见一位能让人工智能界抖三抖的大咖。"

话音未落，一道光环闪现，李东东感觉像是被卷入了一场时空漩涡，四周光影交错，仿佛穿越了一片迷雾森林。下一秒，他们稳稳落地，眼前赫然出现一间朴素的工作室。原来，云小淘又带着李东东穿越回到 1950 年一个春光明媚的下午，来到了英国剑桥大学里的一个实验室。

实验室里，一位年轻

学者正埋头于满桌的图纸中，眼神专注得仿佛能洞穿未来。没错，他就是大名鼎鼎的"计算机科学之父"艾伦·麦席森·图灵。这一年，图灵测试这一历史性概念正在他的大脑里孕育成型，即将震撼整个世界。

云小淘这时候突然开口，一脸严肃地说："东东，带你穿越到这里，其实是想让你见识一下一个超级重量级的概念——图灵测试。它可是 AI 领域的'武林秘籍'，打破了人们对'思考'这件事的传统认知，让人们重新思考到底什么是真正的'智能'。图灵测试的诞生影响深远，是人类朝着制造出真正聪明的机器迈出的一大步，直到现在还在全球范围内推动着 AI 研究向前狂奔。"

正说着，图灵先生突然抬起了头，目光落在李东东和云小淘身上，脸上挂着一抹对未知世界充满好奇的微笑："嘿！你们好啊，来自未来的小朋友们。"图灵先生的声音温和又充满智慧，"你们知道吗，我提出的这个图灵测试，其实就是给机器智能定了个规矩。想象一下，有个家伙躲在键盘后面，你只能通过打字和它交流。无论你问什么，它都能像人一样回答，让你完全分不出是人还是机器，那我们就说这家伙通过了图灵测试。"

李东东眨巴着大眼睛，努力消化这个新鲜的概念："也就是说，只要我们不知道对方是人还是机器，但机器能像人一样和我们聊天，那它就通过了测试？"

"没错，小朋友，你理解得非常到位！"图灵先生赞许地点点头，"图灵测试就是看机器是否聪明到能够以假乱真，让人分不清它是人还是机器。"

李东东眼睛一亮，兴奋地说："那如果让我们的 AI 小伙伴云小淘来参加这个测试，它肯定能过，因为它跟我聊天就像真人一样！"

图灵先生笑眯眯地说："嗯，云小淘确实是个很好的例子。不过，图灵测试的意义远不只是评判机器智能那么简单。它更像是一场关于智能本质的哲学思辨。"

李东东的好奇心被点燃了，瞪大眼睛继续追问："哲学思辨？那是什么意思？"

图灵先生笑着解释道："李东东啊，AI 不只是关注机器怎么造出来的，更关注的是它们如何行动、如何与我们互动。图灵测试让我们思考——如果一台机器能像人一样和我们对话，那它是否也能像人一样思考、感知世界呢？"

李东东皱着小眉头，琢磨了一会儿，恍然大悟地说："我懂了！图灵测试就像一面神奇的魔镜，不仅能照出机器有多聪明，还能让我们更清楚地看清自己。这镜子可真厉害，一物两用！"

图灵先生微笑着点点头，接着说："没错！李东东，图灵测试就像种下了一棵智慧树苗，从那时起，AI 就像被赋予了生命一样，蹭地往上长。这些机器不再只是冷冰冰的工具，而是会思考、会聊天的'智慧小伙伴'，能和我们一起揭开一个全新的认知世界的大幕！"

这时，云小淘又神秘兮兮地对李东东说："东东，你准备好了吗？我们的时空列车又要出发啦！这次我们要穿越到 1997 年，去看一场人类和机器的超级大战。"

李东东兴奋地挥舞着小拳头："当然准备好了。云小淘，我已经等不及要看大戏啦！"

李东东朝图灵先生投去感激的目光，真诚地说："谢谢您！图灵先生，您的分享让我收获很多。"图灵先生微笑着向李东东挥手告别，目送着他们踏上新的时空冒险。

## 燃烧吧！人机智力巅峰对决，谁是最强大脑？

四周的空间开始扭曲变形，时间的河流再次把他们卷进历史的漩涡。当一切恢复平静时，李东东发现自己正坐在一个安静的观众席上，面前是一张巨大无比的国际象棋棋盘，棋盘一边是国际象棋大师加里·卡斯帕罗夫，一边是神秘的"深蓝"超级电脑。他可以感受到紧张气氛的味道，观众们个个像被施了"定身术"，连大气都不敢喘一下，眼睛死死盯着棋盘，李东东忍不住搓了搓小手，期待这场人类大脑与机器智能的巅峰对决！

棋盘上的棋子，每一个都像是装满了智慧的小宝箱，只要轻轻一动，就能炸开一片思维火花。

云小淘悄悄给李东东"翻译"这场大戏："你知道吗，那个叫'深蓝'的家伙，是 IBM 公司的超级电脑，它一秒钟能算出几百万种不同的走法！"李东东听得眼睛都直了，嘴巴张得能塞下一个汉堡。

李东东的眼睛粘在棋盘上了，连眼皮都不舍得眨一下。国际象棋冠军加里·卡斯帕罗夫坐在那儿，就像电影里的大侠闭关修炼，脸绷得像石头，眼睛像探照灯，扫来扫去。一会儿，他皱眉沉思，手指在

桌上轻轻敲鼓点，好像在跟看不见的小精灵商量对策；一会儿，他又眼神犀利，一把抓起棋子，啪！稳准狠地砸在棋盘上，就像用剑斩断了敌人的退路，帅呆了！

再看对面的"深蓝"，没有人类的情绪，只有冷冷的计算力。

比赛就像坐过山车，一会儿卡斯帕罗夫领先，一会儿"深蓝"反超，看得李东东心脏都要跳出胸膛。卡斯帕罗夫摆出各种难解的迷宫，想把"深蓝"绕晕。可"深蓝"就像有超能力，总能在最后一秒找到出路，甚至还反过来给卡斯帕罗夫设陷阱。

时间在棋子的挪移中飞快溜走，棋盘越来越空，战斗却越来越激烈。观众们都快变成石头人了，全场安静得连心跳声都能听见。突然，卡斯帕罗夫长叹了一口气，就像泄了气的皮球，他朝"深蓝"微微一笑，好像在说："好吧，你赢了，我服了！"全场瞬间爆炸，掌声、尖叫声、欢呼声，差点把屋顶掀翻，大家都在庆祝这场人类大脑与机器智能的世纪大战。

李东东被这热闹的场面感染，激动得小脸通红。他扭头问云小淘："云小淘，你说'深蓝'在 1997 年就打败世界冠军，是不是就像孙悟空翻了个跟头，一下子把 AI 带到天上去了？"

云小淘点点头："没错，这就像 AI 插上了翅膀，飞到了一个新的高度。它告诉我们，电脑不仅能帮我们做加减乘除，还能在智力游戏上打败最聪明的人。这是电脑科学的巨大进步，也是我们理解智慧的一次大飞跃。"

云小淘卖了个关子，神秘兮兮地说："东东，好戏还在后头呢！你想不想去看看另一场围棋比赛？还是中国的高手对战 AI。"

李东东听到云小淘的提议，眼神中顿时焕发出异彩，他兴奋地回应："围棋？我最喜欢围棋！它太妙了，变化无穷，深邃如海。真的难以想象，AI 能够在围棋这样复杂的游戏中战胜人类。说实话，我对此持保留态度，总觉得不太可能……"

云小淘狡黠一笑："嘿嘿，耳听为虚，眼见为实。咱们这就去亲眼见证这场发生在 2017 年中国乌镇的围棋大战，你就知道 AI 有多神奇啦！"

话音未落，李东东感觉周围像被奶油蛋糕糊住了一样，模糊一片。再一眨眼，他们已经穿越到 2017 年的中国乌镇，那里正举行一场世界瞩目的围棋赛。

乌镇的比赛场馆坐落在一片宁静的水面旁，古朴的建筑与现代的科技在这里交相辉映。场馆内，灯光聚焦在中央的对局台上，对局台一边是排名世界第一的世界围棋冠军柯洁，他的眉宇间透露着自信与沉着；另一边则是一台看似普通的电脑，但它背后运行的 AlphaGo 程序，是当时世界上最先进的人工智能之一。

李东东就像只好奇的小猫咪，瞪大眼睛围观这场巅峰决战。比赛开始的号角吹响，柯洁用两根手指轻轻捏住一颗黑棋，稳稳地把它放在棋盘上，那动作优雅得就像天鹅在湖面滑翔。

而 AlphaGo 每颗落下的白棋都是经过亿万次秘密计算后的选择。柯洁和他的黑棋如同森林里的机敏小动物，时而勇猛进攻，时而巧妙防守。而 AlphaGo 指挥的白棋则像一支精密的机器人军队，步步为营，计算精准。

忽然，AlphaGo 投下一枚诡异白棋，犹如埋下一颗定时炸弹，柯洁大侠绞尽脑汁也只能做出防守。

之后的比赛更是高潮迭起，AlphaGo 如同永动机般运转，柯洁虽竭尽全力，但最终还是难敌 AI 的无敌计算力和深奥策略。随着最后一颗棋子落下，柯洁无奈地向 AlphaGo 这座"智慧堡垒"低头认输。

李东东亲眼见证了这场人类与 AI 的巅峰对决，既为柯洁的勇敢和坚韧点赞，也为 AlphaGo 的超级智慧感到惊奇不已。李东东不禁感叹道："人类智慧虽伟大，但 AI 力量也同样令人叹服啊！

李东东还在回味刚才那场紧张刺激的棋赛。李东东眼睛亮晶晶的，问云小淘："既然 AI 连围棋都能轻松战胜人类，是不是比我们更聪明呢？"云小淘回答说："AI 在围棋这类游戏上确实厉害，计算快、学得精，超过了最顶尖的人类。但这不代表 AI 处处都比人强，至少目前它还不能像人一样有创意、懂感情、做道德判断，也无法像人那样灵活适应复杂情况。"

听完云小淘的话，他望着美丽的乌镇夜景，产生了无尽的遐想……

## 小丹叔叔互动时间

1."电脑怪兽"诞生记：很久以前，世界上出现了第一台通用计算机。它的体积像一只巨型怪兽，还有一个很酷的名字哦。小朋友们，你们知道它的名字是什么吗？

2."图灵测试"大揭秘：图灵测试，听起来像是一场智慧的冒险游戏。小朋友们，你们知道什么是图灵测试吗？它在历史上有什么重要的意义呢？

3."棋盘对决"大挑战：小朋友们，电脑和超级厉害的国际象棋和围棋高手们都有过对决哦，你们知道谁是最后的大赢家吗？

## 第三章

# AI超能力大揭秘——原来它就在我们身边

## 隐形魔法师：智能家居与无人驾驶公交车的秘密

"东东，是时候回到我们自己的时代了。"云小淘的说话声打断了李东东的遐想。李东东点了点头，他的心中充满了对这次时光之旅的不舍，但也期待着回到现实世界后的新奇之旅。

云小淘的屏幕上开始浮现出复杂的图案，它们像是时间的密码，缓缓旋转，逐渐形成一个光环。光环中，时间和空间似乎开始融合，形成了一条光的隧道。李东东感到一股温和的力量包围着自己，他的心跳加速，紧张和兴奋交织在一起。

跟着云小淘，李东东像乘着云朵穿越时空隧道，眼前一亮，他已

经回到了自己温馨的房间。阳光洒在沙发上，暖洋洋的，墙上的照片讲述着快乐的家庭故事。书架上堆满了李东东最爱的书，还有绿植在倾听它们的交谈，让家里充满了活力。

这时，陈西西捧着刚出炉的曲奇饼干从厨房走出来，笑容满面地问："东东，这趟时光旅行感觉怎么样？亲眼见证 AI 的发展，是不是很震撼？"李东东一边吃着香喷喷的曲奇饼干，一边兴奋地说："姐姐，太神奇了！没想到，在象棋围棋比赛中，国际象棋大师、世界围棋冠军都不是 AI 的对手呢！"

陈西西笑着摇摇头："AI 不只是会下棋，它已经渗透到我们的日常生活中啦！"

说着，陈西西拿出手机，像变魔术一样打开了智能家居应用程序，手指轻轻一点，屋里的灯光立刻就变得柔和又舒服。她指着电视机说：

"你看，我们家的智能电视机，不仅能根据我们的喜好推荐节目，还能通过语音指令操控它，甚至还可以与家里其他的智能设备互动呢！"

陈西西又指了指忙碌的扫地机器人："看！这个勤快的小家伙每天能定时打扫卫生，大大减轻了我们的家务负担。它不仅能自主规划清扫路线，避开障碍物，还能通过手机远程遥控，实现预约清扫和定

点清扫。"

李东东听得目瞪口呆，感慨万分："哇！AI 让我们的生活变得好方便啊！云小淘，你能告诉我这些智能设备是怎么工作的吗？它们背后的原理是什么呢？"

云小淘立刻变身科普小达人，屏幕上蹦出了动画图像："这些智能设备之所以能听我们的话做事，是因为它们背后有 IoT（Internet of Things），也就是物联网。就像一个大家庭，每个智能家电都通过无线网络互相认识并协作。当你对它们说话时，它们先用'顺风耳'——语音识别技术，听明白你的需求；接着用'智慧脑'——自然语言处理技术，理解你想要它们干什么；最后用'无形的手'——物联网通信技术，给目标设备发信号，让它们执行你的命令，比如告诉客厅的灯：'嗨！是时候亮起来喽！'"

李东东认真听着，他发现原来看似简单的操作背后，竟然隐藏着如此复杂的技术和算法。

云小淘笑眯眯地说："就像魔法师一样，AI 能记住你的喜好和小习惯，比如如果你喜欢早上起床后开灯，放音乐，那么过一段时间，我就可以在你起床的时候自动为你开灯，播放你喜欢的音乐。因为我在不断学习你的喜好。"

李东东瞪大眼睛："哇，好酷！"

结束了家中智能家居的体验，李东东正准备窝进沙发享受难得的舒适时光，却被陈西西一把拉了起来："哎呀！东东，别宅在家啦。走，我带你出去透透气，去见识外面世界的AI。"

李东东拗不过姐姐，只好跟着她走出家门，来到熙熙攘攘的街头，只见陈西西神秘一笑，指着马路对面一辆酷炫的公交车说："看！那就是能自己开、会绕障碍、认红绿灯，还能灵活应对路况的'马路小超人'——无人驾驶公交车！"说着，无人驾驶公交车已经稳稳停在了他们面前。

李东东和陈西西一上车，就发现了这辆无人驾驶公交车的"秘密武器"。只见，车顶和车头都有像小飞碟一样的玩意儿。

"嘀嘀嘀——请系好安全带！"还没来得及进一步探索这辆"无人驾驶公交车"背后的秘密，车内就响起了自动语音提示。李东东和陈西西赶紧坐在座位上系好安全带。在感应到所有乘客都系好安全带后，这辆"聪明巴士"便启动了，神奇的是，它不仅能识别红绿灯，还会自己规划路线。

"哇！这绝对是我见过的最酷的'变形金刚公交车'了！"李东东忍不住惊叹道。

　　"云小淘，我们的这辆'无人驾驶公交车'，它是怎么工作的呢？"李东东好奇地问。

　　云小淘解释道："无人驾驶汽车就像是一个有着超级感官的机器人。它的'感官'包括雷达、摄像头和激光雷达等，这些'器官'共同工作，让车辆能够'感知'周围的世界。"

　　"雷达就像它的触角，能够发射无线电波'摸'清车辆周围的物体距离；摄像头则是它的眼睛，能够看清路标、红绿灯，还能认出

行人和其他车辆的模样；而激光雷达更厉害啦，它是车辆的三维立体眼，能够用激光画出周围世界的高清 3D 地图，让无人驾驶汽车心中有数。"

李东东听得津津有味，不禁赞叹道："就像汽车有个聪明绝顶的大脑，能处理好多复杂信息呢！"

云小淘点点头："没错！所有这些传感器收集来的消息，都汇总到汽车里的智能电脑里。而这台电脑就像是汽车的智慧核心，它运用超级算法迅速判断路况，指挥汽车该快跑、慢行、转弯或是停车。"

李东东继续追问道："那它们怎么知道去哪里呢？"

云小淘解释道："就像我们用手机导航一样，无人驾驶汽车可以通过 GPS 找到方向，并按照预设地图规划最优路线。"

"那无人驾驶汽车安全吗？"李东东问出了心里一开始就有的疑问。

云小淘立刻回应道："放心吧！无人驾驶汽车不但能认路、懂规矩，还能预测其他车辆和行人的动作。要是有突发情况，它会立刻刹车或避开危险，会保障行车路上的安全。"

到站了，无人驾驶公交车发出一声清脆的"叮咚"声，仿佛在说："旅程结束，新的探索开始喽！"陈西西拍拍李东东的肩膀，笑眯眯地说："我们的目的地——智慧医院，到了。"

## AI改变生活：走进智慧医院

智慧医院坐落在一片绿意盎然之地，它的设计糅合现代美学与人文关怀的理念。墙体是能自动调节亮度的智能玻璃，白天节能省电，晚上展示梦幻光影秀，还能展示医院的各种信息，科技与美感并存。

刚踏入智慧医院的大门，李东东就被眼前的一切吸引住了。机器人正在教一位小朋友挂号，李东东惊讶地说："云小淘，你看！那

个机器人像个小老师，能教人挂号呢！"云小淘解释道："对呀，那是智能挂号机，它利用自然语言处理技术，学会人类的语言，轻松听懂小朋友的话，然后用简单易懂的方式回答，让挂号变得像聊天一样轻松！"

接着，在陈西西的带领下，李东东来到了影像科，医生正借助 AI 分析 CT 扫描图，眨眼间就能发现关键点。他惊叹道："这个 AI 像侦探一样在找线索呢！"云小淘回应道："没错！AI 就像个小侦探，通过深度学习技术，在海量影像中学会找到疾病的'蛛丝马迹'。"

小明着迷地点头："哇！那它一定是个很聪明的'侦探'！"

参观完影像科，陈西西又带着李东东在智能药房见识了药品自动分拣机器人的神速工作。只见药品自动分拣机器人的机械臂迅速地从一个架子上抓取药瓶，放到相应的盒子里。"机器人药剂师好快，一点都不慌乱！"李东东感叹道。云小淘乐呵呵地说："这些机器人药剂师有'超级眼睛'和自动化能力，它们能快速精准地认出药品并放到相应盒子里，让药品分发变得像魔术一样神奇。"

李东东恋恋不舍地走出智慧医院，他感叹道："云小淘，AI 就像个充满神奇工具的魔法箱，从智能家居到无人驾驶公交车，再到智慧医院。到处都能看到它的影子。"

陈西西笑盈盈地告诉他："没错，东东，AI 发展速度超快呢！我们手机和电脑里就有许多有趣又强大的 AI 工具，连小朋友也能使用，它们时刻都准备着帮助我们解决问题。"

李东东眼睛亮晶晶地追问道："真的吗？那有哪些我能使用的 AI 小助手呢？"

陈西西故作神秘地一笑："别急！我会一一介绍给你听，各种能帮你学习新知识、增添乐趣的 AI 语言模型和应用。而且，很多 AI 应

用简单易懂，小朋友们也能轻松上手，一旦学会了，它们就会变成你学习生活中的超级小助手！"

李东东跃跃欲试："太棒啦！我等不及要开启新的 AI 探险之旅了。陈西西，你可得把所有的秘密都告诉我，我要成为 AI 小达人！"

## 小丹叔叔互动时间

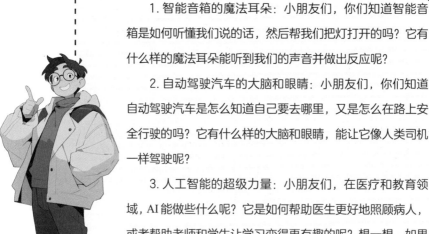

1. 智能音箱的魔法耳朵：小朋友们，你们知道智能音箱是如何听懂我们说的话，然后帮我们把灯打开的吗？它有什么样的魔法耳朵能听到我们的声音并做出反应呢？

2. 自动驾驶汽车的大脑和眼睛：小朋友们，你们知道自动驾驶汽车是怎么知道自己要去哪里，又是怎么在路上安全行驶的吗？它有什么样的大脑和眼睛，能让它像人类司机一样驾驶呢？

3. 人工智能的超级力量：小朋友们，在医疗和教育领域，AI 能做些什么呢？它是如何帮助医生更好地照顾病人，或者帮助老师和学生让学习变得更有趣的呢？想一想，如果你是一个发明家，你会怎样使用 AI 来帮助人们？

## 第四章

# 快上手！AI新手变大神

打开宝箱，解锁无所不能的AI工具

李东东回到家中，就跟装了火箭助推器似的，"嗖"地冲到书桌前，电脑被他瞬间唤醒，仿佛被注入了生命，瞬间从沉睡的石像变身为智慧的喷泉。李东东的眼睛里仿佛装满了星辰大海，那是对 AI 新知识无尽的渴望。

陈西西见状，笑了笑："东东，你这架势，我还以为你要参加电脑键盘上的马拉松比赛呢！别着急，心急吃不了热豆腐！我先给你讲讲什么是'语言大模型'。"

陈西西解释道："东东，你知道吗？就像孙悟空学会七十二变后，

变得更厉害了一样，AI 也有它的'七十二变'。以前的 AI 呢，虽然也很聪明，但有时候就像只会做简单动作的小木偶。不过，这两年，科学家们发明了一个叫'语言大模型'的新东西，这就像是给 AI 装上了超级大脑，让它突然变得能说会道，还能自己思考问题、写故事。"

李东东回想起之前参加科学知识挑战大赛时，他就已经见识到语言大模型的厉害了。

"正是因为有了'语言大模型'，才让大家对 AI 的理解和感受变得更加直观有趣了！"陈西西笑着说。

"那我们现在就开始介绍这些神奇的 AI 工具吧！第一个是我们的——'豆包'。它就像是一个随身携带的魔法图书馆，里面藏着无数的宝藏，无论你想知道什么，它都能瞬间为你'变'出相关的资料。"

"豆包"软件安装界面

在陈西西的指导下，李东东按照提示一步步下载并安装了"豆包"应用程序。安装成功后，李东东迫不及待地点击启动图标，一个简单漂亮、引人注目的"豆包"界面跃然眼前。

李东东输入自己感兴趣的关键词，只见"豆包"瞬间响应，精准地呈现出相关知识卡片、图文资料，甚至还有短视频解说。李东东惊讶地瞪大了眼睛，连连赞叹："哇！真的好神奇！这简直就像有一个无所不能的口袋书童在随时待命！"

此时，陈西西进一步展示了"豆包"强大的语音识别功能。她轻轻点击应用界面上的麦克风图标，然后说出一个复杂的学术术语。只见"豆包"瞬间"听"懂了语音指令，精确无误地显示出这个术语的解释而且还拓展延伸出更多的知识。李东东在一旁看得目不转睛，感叹道："连语音识别都这么准确，'豆包'真是个全能的学习助手。这下不论我在哪里，只要有它在手，随时随地都能轻松获取知识，真是太方便了！"

"接下来，让我们揭秘第二个神奇工具——'通义'。"云小淘继续兴奋地介绍，"它也是一个语言大模型，就像一本百科全书，时刻陪伴在你身边，无论你有什么疑问，无论问题多么天马行空，只需一问，'通义'就能迅速为你揭晓答案，就像有一位随时待命的老师，耐心解答你的每一个困惑。"

"通义"软件安装界面

在云小淘绘声绘色的描绘下，李东东的好奇心被彻底点燃。他们一起完成了"通义"应用程序安装，开启了新的探索之旅。

安装完成后，李东东马上就提出了心中关于天文、地理、历史等方面的各种疑问。只见"通义"迅速地给出了一个非常专业且易懂的答案，解决了李东东长久以来的困惑。"真是无所不知啊！这比我翻阅厚厚的百科全书快多了，而且解释得这么清楚。"李东东兴奋地说道。

"'通义'还有一个同样才华横溢的兄弟，那就是'通义万相'。这可是个特别特别厉害的'画家'，在它的神笔之下，可以把你脑海中各种奇妙的想象、创意十足的画面，瞬间化为栩栩如生的图像，仿佛拥有了点石成金的艺术魔力！"云小淘继续说道。

"通义万相"的操作界面

随后，在陈西西和云小淘的帮助下，李东东大胆地将自己天马行空的创意输入到通义万相中。他描述了一幅他想象中的一只蝴蝶在鲜花中飞舞的画面。顷刻间，"通义万相"便以其神奇的AI绘画技术，将李东东的文字描述转化为一幅美轮美奂的图像。看着眼前的画面，李东东瞪大了眼睛，难以置信地说："这……好美啊！这简直是从我的脑袋里直接跳出来的画面，太神奇了！它真的能读懂我的心，把我的想象变成现实！"

"别忘了'文心一言'，它也是一个语言大模型。它就像是一个能点燃创意的火花，它能为你提供各种写作素材和模板，帮你激发写作灵感，让你的作文更加生动有趣。"云小淘补充道。

李东东想了想："真的吗？这个对我来说太重要了，有时候我会写不出东西，有了它，就能帮我找到创作的灵感。"

"当然，除了上述工具外，我还想向你介绍一个非常出色的小助手——'Kimi'。"陈西西边说着边熟练地打开了"Kimi"的官方网站。屏幕上，一个简洁而充满科技感的网页瞬间展开，醒目的"Kimi AI 助手"字样映入眼帘。

"你看，这就是'Kimi'的官方网站。"陈西西指着屏幕向李东东介绍道，"'Kimi'是一个极其强大的 AI 助手。它就像你身边的私人助理，无论何时何地，只要你有需求，'Kimi'都能以最快的速度、最专业的态度为你提供帮助。"

"首先，如果你有任何问题需要解答，只要向'Kimi'提问，它都能在短时间内为你提供一个翔实、准确的答案。'Kimi'的文本处理能力非常强大，它现在最多能对两百万字的文献内容进行深度理解和分析。比如，我们可以将六年

"Kimi"的登录界面

级语文资料发给'Kimi'，然后让'Kimi'帮我们阅读之后，再与它进行交流。我相信'Kimi'的这个能力在关键的时刻，肯定能帮到你！"

云小淘继续介绍着："我再给介绍一个很棒的工具。这个工具使用起来非常方便，它叫'腾讯元宝'，也是一款 AI 产品，是我们熟悉的腾讯公司出品的。它们公司有很多我们熟悉的产品哦，比如微信、QQ 和王者荣耀。"

云小淘顿了顿，继续说道："'腾讯元宝'可以帮助小朋友们解答学习上的问题，也可以教小朋友们学习英语，通过互动式的对话练习、词汇学习等方式，帮助他们提高语言能力；还可以提供一些关于动物、植物、地理等方面的知识，帮助小朋友们拓宽视野，促进认知发展哦。"

"在微信小程序里搜索'腾讯元宝'，就可以体验。它分为'聊

元宝　发现

热门　精选

拯救哑巴口语
话题难度全覆盖，语音语法随时练！

口语陪练
我是你的英语口语陪练官
Fiona，我可以基于任何话…　　去对话

百变AI头像

立即使用

元宝 　　…　◉

举一两个特别的，你能够提供的服务和功能
呢？比如说对于小朋友们能够提供什么样的特
别牛的功能？

当然可以！以下是我针对小朋友们提供的一些
特别功能和服务的例子：

1. 寓教于乐的互动故事：我可以为小朋友们
   讲述有趣的、寓教于乐的故事。这些故事
   不仅能够激发他们的想象力，还能在其中
   融入一些教育元素，如道德观念、生活常
   识等。

2. 学习辅导：我可以帮助小朋友们解答学习
   上的问题，如数学题、语文作业等。通过
   耐心细致的解答，我可以辅助他们更好地
   理解知识点，提高学习效果。

3. 语言学习：我可以教小朋友们学习英语或
   其他语言，通过互动式的对话练习、词汇
   学习等方式，帮助他们提高语言能力。

4. 认知发展：我可以提供一些关于动物、植
   物、地理等方面的知识，帮助小朋友们拓
   宽视野，促进认知发展。

5. 习惯养成：我可以为小朋友们提供一些建
   议，帮助他们养成良好的生活习惯，如按
   时作息、健康饮食等。

你有什么想知道的，快来问问我　　🎤　⊕

"腾讯元宝"的操作界面

天'和'灵感'两个栏目。在聊天栏目，你可以多轮提问，它涉及内
容也十分广泛，比如回答问题、讲笑话，甚至还可以写程序。它可以
快速生成小朋友们想要的内容，而且支持语音对话哦。"云小淘继续
说道。

李东东瞪大了眼睛，脸上写满了惊叹与欣喜。他刚刚一口气了解
了六个超级强大的 AI 应用，每一个都展示出了超乎想象的能力与潜
力。这些 AI 技术的先进程度和广泛用途让李东东感到无比震撼。

看到李东东的样子陈西西忍俊不禁，说道："那你总结一下，今天都学到了什么呢？"

"嘿！那可多了去了。"李东东眉飞色舞地开始复盘，"给我印象最深的是'通义万相'，我差点以为自己成了神笔马良。我输入一句'一只蝴蝶在鲜花中飞舞'，它竟然真的画出来了！你说，要是哪天我心血来潮想看鳄鱼跳芭蕾，是不是也能成真？"

陈西西笑着点头："那当然，不管你的想象力有多疯狂，'通义万相'都能帮你实现视觉上的'无厘头'狂欢。"

李东东笑得前仰后合，眼睛弯成了月牙儿："今天的这趟 AI 学习旅程，简直比坐上'云端飙风号'还要过瘾。科技就像是个超级英雄，"嗖"地一下，就把那些天马行空的想法变成了眼前的奇妙世界。以后咱们看书学习，就像是在跟知识交朋友，做实验就像变魔术，知识变成了藏在每个角落的宝藏，等咱们带着好奇心的钥匙去一一解锁，真是太酷啦！"

## 危急时刻！AI救援队集结出发

姐弟俩像掉进糖果罐的小松鼠，一头扎进了 AI 工具的神奇乐园。

他们全然没察觉到，周围的空气正悄悄上演一场神秘大戏。空气仿佛被魔法师施了咒语，开始微微抖动，就像无数个微型舞者在跳量子芭蕾，无声地奏响了一首宇宙交响曲。

突然，"砰"的一声，就像电影里的超级反派登场一样，一股超强的能量疯狂袭来。空间立马变形，被拧巴成了一个超大型的"异次元黑洞甜甜圈"。这"甜甜圈"中间如黑洞般深邃，边缘却镶满了彩虹糖般的光斑，它慢悠悠地旋转着，释放出让人喘不过气的压力波。

李东东和陈西西瞪圆了眼珠子，下巴差点砸到脚，这场面简直超出他们的脑洞极限。两人想拔腿跑路，却发现脚底像被强力胶粘住了一样，根本动弹不得。只能眼巴巴看着"黑洞甜甜圈"越变越大，一

口口把房间里的家具、墙壁，甚至窗外的阳光都给吞了进去！

就在这电光石火间，"黑洞甜甜圈"射出一道刺眼强光，直奔陈西西而去。陈西西拼命扑腾，但一点儿用也没有，一下子就被光束包围了，像糖块溶解在热咖啡里，身影渐渐消失在漩涡深处。她的尖叫声被"黑洞甜甜圈"的轰鸣声无情吞没，一眨眼，陈西西就像被另一个宇宙"吃"掉了！

李东东和云小淘，一对儿活生生的"表情包"，嘴巴张得能塞进鸡蛋，满脸"写"着"我是谁？我在哪儿？刚才发生了什么？"空气中的量子风暴更加嚣张，像隐形的怪兽在屋子里横冲直撞，把心跳都震得乱了节奏。

李东东眼里全是迷茫和绝望，心里不停地想着："西西，你去哪里了？"就在这时，像春天第一声惊雷打破冬日的沉寂，陈西西的声音穿过维度的壁垒，响在李东东耳边："东东，别怕！"短短几个字，却像定海神针，瞬间稳住了李东东摇摇欲坠的世界。

这时，云小淘再给李东东打了一针镇定剂："东东，我破译了量子波动的密码，要找回西西，我们必须钻进那个'黑洞甜甜圈'。但你要知道，那儿是人类还未涉足的领域，怪事恐怕多得能堆成山。"

李东东盯着屏幕上跳动的数据流，眼神坚毅地说道："越是未知，我越要闯一闯。不管前方是龙潭虎穴，还是外星人的烧烤晚会，我都不会退缩的！"云小淘也跟着说："没错！我们带着 AI 工具宝库、我的超级大脑，这些都是对付未知，救出西西的秘密法宝。我们要把地球智慧带到那个异次元，用科技照亮迷途，打败可能出现的一切妖魔鬼怪！"

云小淘敲完一串神秘代码，显示屏瞬间变身宇宙导航仪，射出一道炫酷激光，与空气中的量子风暴共舞，竟在现实中凿出一条扭扭曲曲的时空隧道——通往异次元的神秘大门。

一个巨大的未知等着他们去揭开，一场精彩绝伦的冒险即将拉开序幕……

### 小丹叔叔互动时间

1. 探险任务：尝试试用手机版"豆包"，解决一个学习上的问题或者了解一个你想知道的知识点。

2. 艺术创作挑战："通义万相"是一个充满魔法的画板，它能让每一个小朋友都变成了不起的小画家。选择你最喜欢的颜色，动动你的小手，画一幅你想象中的画吧！

3. 知识寻宝游戏：你已经知道了有一个叫作"Kimi"的宝藏助手，它可以带你了解世界上最酷的知识。那么现在，让"Kimi"帮助你了解一个你一直都想知道的知识，并且带着你的小伙伴一起去了解更多吧！

## 第五章

AI救援队，向数学国出发！

寻访神秘数学大师，破解七大谜题挑战

穿越隧道的感觉，就像坐上宇宙过山车，两边的风景让人眼花缭乱。一边是熟悉的地球家园，阳光明媚，鸟语花香，人们忙忙碌碌；另一边则是异次元新世界，光怪陆离，色彩狂野，物质形态像万花筒一样变个不停。此时的李东东就像站在哈哈镜前，左边是现实，右边是梦境，两个世界在隧道中疯狂交融，碰撞出一场视觉的烟花秀。

终于，李东东稳稳地站在了异次元的土地上。眼前的景象让他们不禁屏住了呼吸。这是一个与现实世界迥然不同的全新世界，它既神秘又迷人，既陌生又引人入胜。天

空中悬浮着形态各异的晶体云朵，它们在量子之力的作用下不断变换颜色，犹如梦幻般的霓虹灯海。大地由五彩斑斓的晶石构成，每一块晶石都闪烁着独特的光芒，仿佛蕴藏着无尽的秘密。远处，一座座奇异建筑矗立在地平线上，散发出冷峻而迷人的气息。

身处这样一个神秘的世界中，李东东心中有一份深深的迷茫与无助。他知道，要想在这片广袤且充满未知的异次元世界中找到陈西西，无疑是一项艰巨的任务。

突然，云小淘的屏幕亮了起来，一道熟悉的光芒闪烁，正是来自现实世界的 AI 应用程序——"通义"。一串串信息流滚动而出，就像一本智慧的书页在他们面前翻开。

"东东，云小淘，我是'通义'。这片大陆的名字叫智识大陆，由四个国家组成。传说，在遥远的过去，为了保护和传承人类最核心的智慧，伟大的创世者将人类思维的精华提炼出来，构筑成了四个古老而又充满智慧的国度，分别代表着数学的严谨逻辑、语文的深情表达、英语的全球化沟通和艺术的无限创意。

智识大陆的存在是为了激发孩子们对世界的好奇心。每当有人勇敢地踏上这片大陆，就意味着他即将接受一次考验，只要他解决各个学科领域设置的挑战，就能得到宝贵的智慧钥匙。这些钥匙不仅是对个人智慧成就的肯定，更是打开囚禁西西之门的关键所在。集齐四个

世界的智慧钥匙，就能解救困在异次元空间的西西了。"

听着通义的讲解，李东东再次端详起脚下的这片知识的沃土。东边，朝阳初升之处，屹立着的是历史悠久的语文国。这里的文化底蕴犹如千年古树般盘根错节，深厚的文学积淀如同大河奔流不息，是孕育世界古老文明与传说的摇篮。

北境之地，数学国以其庄重而肃穆的姿态矗立，犹如夜空中璀璨的北斗，指引着旅人探寻真理的道路。北方的严寒并未冷却这里的热情，反而锤炼出国民严密的逻辑思维和对精密计算的执着追求，让数学之国成为一座理性的殿堂。

向西远眺，横亘在夕阳余晖下正是英语国。此地将世界各地的语言和智慧紧密相连，象征着跨文化交流与全球化的力量。

南方的艺术国四季如春，美轮美奂的艺术作品与自然风光交织在一起，催生出无尽的创造力和想象力。艺术家们在此汲取灵感，将情感化作一幅幅传世之作。

李东东明白，接下来的旅程将充满艰辛，但也必定收获满满。

这时候，云小淘说话了："东东，我们从哪一个国家开始呢？"李东东虽然不是数学小天才，心里却藏着一个勇敢的探险家。他知道，数学就像藏宝图，能解开世界的秘密。拯救陈西西的任务艰巨，数学国的智慧钥匙正是他最需要的。

"先去数学国吧！"李东东信心满满地说，眼里闪烁着探险的光芒。

在通义的引导下，李东东和云小淘来到数学国的入口，两侧是用笛卡尔坐标系标注的路标牌，标志着他们正式进入了数学的领域。

当李东东和云小淘踏入数学国时，他们立即被眼前的景象震撼住了。数学国仿佛是一个由无数几何图形和公式构成的奇幻世界，建筑物如同立体几何模型，道路则是由黄金分割线铺就，就连天空中的云朵也勾勒出优雅的抛物线轨迹。他们穿过由圆周率为 π 的圆形广场，迎面而来的是由黎曼猜想绘制的壁画长廊。

漫步在街巷之间，李东东和云小淘注意到这里的居民交谈方式极为独特。他们路过一家小店门前，两位邻居正在互相问候："早上好！这是我出生以来的第 20736 天，很高兴在今天的第 8 个小时零 4 分与您相见。"李东东和云小淘相视一笑，惊讶于这个国度对数字的痴迷。

不远处的公园里，一群孩童正在进行一场别开生面的捉迷藏游戏。不同于传统的玩法，他们按照递归序列分配寻找和隐藏的顺序，一边欢快地喊着："你是第 n 阶递归的找寻者，记得运用你的逻辑推理哦！"这种新颖的玩法让李东东和云小淘不禁驻足观看，赞叹不已。

就在李东东和云小淘享受数学捉迷藏游戏的乐趣时，一位年轻男子吸引了他的注意，他站在漂亮的螺旋窗旁，向一位少女倾诉衷肠："我对你的好感，就像无限循环小数那样延绵不绝，既无穷无尽又永恒不变，从不偏离，紧紧依着你。"少女听后脸上浮现出羞涩的笑容，显然被这富有数学诗意的表白打动了。

这浪漫的一幕，让李东东和云小淘发现，原来数学不仅能解决难题，还能表达这么美好的情感呢！

在数学国的城镇中，李东东和云小淘四处搜集线索，终于打听到一个关键信息：在不远的数学之谷里，有一位智慧无比的智者，找到他，就能见到数学国的国王，获取数学国的智慧钥匙。怀着激动的心情，李东东和云小淘踏上了前往数学之谷的旅程。

在数学之谷，他们终于见到了传说中的智者。这位智者站在一片圆形向日葵丛中，他的眼神犹如深邃的星空；他的面容虽布满岁月的痕迹，却显得格外慈祥，透出一种超越世俗的宁静；他身着素朴的长袍，手中握着一把雕琢了复杂几何图案的拐杖，杖身之上，隐隐约约能看到"3.1415926……"一串数字。

李东东端详着智者，突然灵光一闪，他鼓起勇气问道："您……您难道就是我们中国古代伟大的数学家——祖冲之先生？您的拐杖、长袍上的符号，以及您与周围环境浑然一体的气质，无不透露出您与那位数学巨匠的深厚联系。难道说，您穿越时空，来到这里，是为了继续守护数学的神圣之地？"李东东的心跳剧烈，他期待着智者的回应，渴望得到确认。

　　智者听后微微一笑，眼中闪烁着智慧的光芒，他缓缓答道："小朋友，你很敏锐。我是 AI 复制的祖冲之，未来的智能生命体，虽然我不是祖冲之本人，但是我承载了他的精神和智慧。在这里，我负责守护数学国的知识宝库，并指引有志于探索数学奥秘的年轻人。"

　　老人笑容可掬地接着说："孩子，我已在此守候多时。要想救出你的姐姐，你必须接受一项特殊的挑战——'数学七谜'试炼。当然，

数学七谜并非单纯的计算游戏，它涵盖了代数的巧妙、几何的美感、数论的深远、概率论的奥妙、数列的韵律、统计学的规律以及逻辑的严密。只有真正领略到数学内在的和谐统一，你才能破解这些谜题，获得觐见国王并得到智慧钥匙的机会。"

李东东皱了皱眉头，轻声嘀咕道，"这么多高级的数学概念，我以前都没接触过呢。"

　　正当李东东感到压力山大的时候，一旁的云小淘自信满满地说："别担心！东东，你还记得咱们平时是怎么借助 AI 助手解决难题的吗？这些工具可是超级厉害的，只要我们肯努力，没有什么问题是解

决不了的！"

　　李东东听了云小淘的话，心中也燃起了斗志，点了点头，准备迎接祖冲之先生给出的第一个数学挑战。

祖冲之先生捋了捋胡须，微笑着对李东东说："那我们就从一个与我个人研究相关的挑战开始吧。我问你们，什么是圆周率？它在几何学中扮演着怎样的角色？"

李东东鼓起勇气，向前一步，恭敬地回答："圆周率，是描述圆的周长与直径之间比值关系的一个数学常数，通常用希腊字母 $\pi$ 来表示。具体来说，无论圆的大小如何变化，圆的周长总是其直径的 $\pi$ 倍。这个比例是恒定不变的，对于所有圆都适用，即 $C=\pi d$，其中 C 为圆的周长，d 为圆的直径。此外，圆的面积也与 $\pi$ 紧密相关，由公式 $S=\pi r^2$ 给出，其中 S 是圆的面积，r 是圆的半径。这些公式是解决各类几何问题的基础，无论是物理学中的运动轨迹分析，还是日常生活中遇到的测量问题，都离不开圆周率 $\pi$。"

祖冲之先生赞许地捋了捋胡须，接着补充道："你的回答非常准确。圆周率 $\pi$ 不仅是数学的核心概念，它的普遍性超越了单一学科的界限。比如在天文学中，行星轨道的形状可以理想化为圆，其运行周期与轨道半径的关系便涉及圆周率 $\pi$；在物理学的振动理论中，许多周期运动的频率与其波长之间的联系也可以由圆周率 $\pi$ 来刻画。数学不仅是一门精确的科学，更是一门揭示宇宙秩序的艺术。而圆周率 $\pi$，就是这门艺术中的一颗璀璨明珠。"

祖冲之先生微微一笑，提出了一个新的问题："既然你对基本几何知识掌握得如此扎实，那么不妨试试更深层次的数学探索。圆周率 $\pi$ 小数点后的第一千位数字是多少呢？"

李东东听后，瞪大了眼睛，他虽然熟知圆周率的常见近似值是

3.1415926，但对于第一千位的具体数字，他显然感到措手不及，一时语塞。

看着李东东面露难色，云小淘立马想到了对策。它提议道："东东，不要慌张，我们可以打开'通义'，它能从网络海量资源中搜索到圆周率的高精度数据。"

接着，李东东在云小淘的屏幕上，启动了 AI 助手"通义"。"通义"高速检索各种数学数据库和在线资源，很快便显示出圆周率精确到第一千位的数字。

李东东接过答案，转而向祖冲之先生报告："祖冲之先生，我们找到答案了，圆周率小数点后的第一千位数字是9。"

祖冲之先生听罢，满意地点了点头，对李东东灵活运用现代工具解决问题的机敏给予了肯定。他又接着出题了："假设我们有一个神秘袋子，里面装有红、黄、蓝三种颜色的小球，每种颜色的球数量未知，但至少都有三个。那么，能告诉我，至少需要从袋子里取出多少个小球，才能百分百确保其中有三个颜色相同的小球呢？"

这是一道关于"抽屉原理"的问题，对于才上五年级的李东东来说有点超纲了。李东东有些拿不准，他立即向"通义"寻求帮助。

在"通义"的帮助下，李东东大声回答："至少需要取出 7 个小球，才能百分百确保其中有三个颜色相同的小球。"

接下来，在云小淘和 AI 的帮助下，李东东顺利解决了数学七谜的所有挑战。祖冲之先生满意地看着李东东成功解答了一系列复杂的数学难题。他微微一笑，挥手之间，一本泛黄的《九章算术》出现在他们眼前。要知道《九章算术》可是古代数学智慧的结晶，记载着华夏大地流传千年的数学知识与实践。

祖冲之先生语重心长地说："尽管运用 AI 分析与解决问题是现代小朋友不可或缺的一项宝贵技能，但它始终无法替代你们自身内在的创造力和思考能力。"他拿起那本书，继续说道："就如同我们以前的数学思考，虽然看似简单，却能承载并传递千年。而 AI 就像一面镜子，它可以映射知识，但不能创造知识本身。"

在祖冲之先生说完这句话之后，《九章算术》的书页突然自动翻飞，形成一道炫目的光束。光束能量交融，在他们脚下汇集成了一道传送门。

在与祖冲之先生告别之后，李东东和云小淘走进了传送门……眨眼间，他们便出现在了数学国的皇宫大殿之内，庄严而神秘的数学国王正静候在前方，准备对他进行一场最终的数学试炼。

## 决战数学城堡！国王的终极智慧试练

前方，巍然矗立着一位非比寻常的君主——数学国王。然而，他并非一个"人"，而是一个在数学世界中承载无尽内涵的符号：数字零"0"。

李东东想象中的国王是一位端坐高堂，满脸智慧皱纹的长者。可谁能想到，迎接他的竟然是一个手持魔杖，圆圆胖胖的，眼睛里闪着狡黠光芒的"零"小国王。

在李东东惊讶之时，"零"国王眨眨眼，用他那充满魔力的声音说："李东东，数学的世界，可从不按常理出牌哦！我是皮皮零，既是万物之始，还能让最复杂的计算变成游戏。"

只见皮皮零轻轻一点手中的魔杖，周围的数字们立刻开始跳舞，一会儿排成行，一会儿又绕着圈，最后一个个争先恐后地跳进皮皮零张开的怀抱，变成了欢快的"0"。李东东的眼睛都看直了，心想："这哪里是国王，简直就是数学世界的超级魔术师！"

就在李东东还沉浸在惊讶之中时，国王皮皮零眨巴眨巴他那亮晶晶的眼睛，继续说道："李东东，欢迎登上我们数学国的奇妙航班！你就是我们今天最闪亮的'1-2-3'号乘客。你一定想知道为什么是1-2-3号吧！1象征着新旅途的大门；2代表是咱们一起向前冲的双轮车；3意味着咱们三步并两步，蹦跶着探索数学的奥秘。"

"正如祖冲之先生精确到小数点后几位的圆周率一样，我对你的欢迎也是精确无疑的，就像欧拉恒等式 $e^{\pi}+1=0$ 一样神秘而引人入胜。你的到来，像是给我们的王国添上了最绚丽的那一抹色彩。"

国王皮皮零又眨眨眼，嘴角挂着顽皮的笑，他的声音像是跳跃的音符，在空气中编织成一首奇妙的数学歌谣："嘿，勇敢的小伙伴们，准备好了吗？要拿到数学国的智慧钥匙，你们需要通过我的最终试炼。瞧瞧我背后的三扇炫酷大门，猜猜看，哪扇门后藏着开启数学国智慧宝库的神奇钥匙呢？游戏规则很简单，就像交换糖果一样好玩。首先

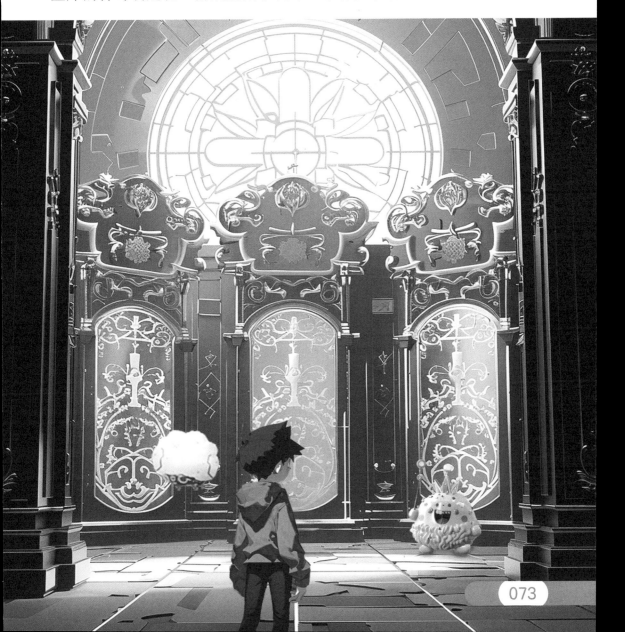

请任意选择一扇门，然后我会打开剩下两扇门中没有智慧钥匙的一扇，露出里面的小惊喜——但不是钥匙哦！这时候，你们有一次机会换另一扇门，或者坚持最初的选择。记住，智慧和勇气，是你们最好的导航仪，让我们开始吧！"

"首先，请你们任意选择一扇门。"

李东东站得笔直，像个小侦探一样，仔细打量着面前的三扇门。最终，他坚定地指向了中间那扇，仿佛在宣布："就是你了，我的智慧之门！"这时，国王皮皮零乐呵呵地拍了拍手，笑着说："决定了吗？我的小勇士，那咱们的'揭秘魔法'就要上演啦！"

只见皮皮零国王蹦蹦跳跳地跑到右侧那扇门前，一边哼着轻快的数学小调，一边轻轻一推——"吱呀"一声，门后什么也没有，只有几只好奇的数字小精灵在大殿中眨巴着眼睛，好像也在为李东东加油打气。

这一刻，整个数学殿堂安静得连一根针掉地上都能听见，所有的小数字、加减乘除符号都屏息凝视，等着看李东东的下一步动作。李东东心里的小鼓"咚咚"敲响，他知道，这是一次智慧与勇气的大考验。他是坚持初心，继续相信中间那扇门后的奇迹，还是利用新线索，换个方向寻找宝藏呢？

　　李东东脑中快速转动起逻辑齿轮，他想起了一个数学中的一个著名的概率谜题——蒙提霍尔问题。在游戏开始时，三扇门中任意一扇门藏有智慧钥匙的概率都是三分之一。然而，当国王皮皮零打开了另外两扇门中的一扇，确定没有钥匙的门之后，剩下的两扇门不再是同等概率的。李东东最初选择的中间那扇门，始终保持着 1/3 的成功概率不变，而剩下的左门，却因为国王皮皮零的这个举动，现在包含了全部剩余的正面可能性，即 2/3 的成功概率！

　　李东东挺起小胸膛，就像个即将揭开宇宙秘密的小小探险家，他

响亮地回答："尊敬的国王陛下，经过我大脑的高速运转，我决定来个华丽转身，投入左边那扇神秘大门的怀抱。"国王皮皮零听罢，脸上绽放出灿烂的笑容，他一边点头赞许，一边迈着欢快的步伐走向左边那扇藏着未知的门，眼睛里闪烁着期待火花。

李东东的心脏跳得像是在进行一场激动人心的鼓点表演，他紧紧盯着那扇门，心中默念："就是这一刻了，数学的魔法，让我见证奇迹吧！"随着国王皮皮零缓缓拉开大门，一道耀眼的光瞬间照亮了整个殿堂，一把闪耀着知识光芒的钥匙静静躺在那里，仿佛在对李东东说："恭喜你，智慧的勇士！"

"李东东，你简直就是数学国的福尔摩斯嘛！你用智慧和勇气，破解了这个古老的蒙提霍尔挑战，让所有人都见识到了数学的魔幻魅力和逻辑的力量！"国王皮皮零欢呼起来，他的声音像是点燃了庆祝的烟花，让整个数学国都一同沸腾欢呼起来。

国王皮皮零笑眯眯地把闪着奇妙光彩的智慧钥匙递给了李东东，仿佛是在赠与一位超级英雄一把宝剑。他的声音化作了轻盈的数字小精灵，在空中旋转跳跃，编织出一段让孩子们耳朵痒痒的奇妙话语："嘿，李东东你们俩现在可是数学国的小小探险家啦！你们不仅发现了数学藏宝图的秘密，还学会了用数学的眼睛去看世界。数学就像是藏在彩虹背后的秘密通道，一会儿变成美丽的蝴蝶，在数字花丛中翩翩起舞；一会儿又化身为超级变换器，让简单的线条和形状讲述宇宙间最复杂的故事。数学美得就像你最爱的冰淇淋，每一口都是惊喜，甜的、酸的、凉爽的，味道多变又奇妙。它能用最简单的数字，画出最复杂的图案，就像用一根魔法棒，连接起了天上的星星和地下的蚂蚁洞。你们今天的表现，就像是在数学的海洋里冲浪，既勇敢又聪明，让数学国的所有居民都为你们鼓掌喝彩！"

"记住哦，无论是解开古老谜题，还是探索未来的新知，数学都是你们最可靠的伙伴。带上这把智慧钥匙，向着更广阔的知识疆域迈进吧！下一站，你们将去往另一个国度，那里隐藏着更多的秘密。"

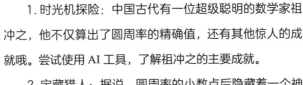

小丹叔叔互动时间

1.时光机探险：中国古代有一位超级聪明的数学家祖冲之，他不仅算出了圆周率的精确值，还有其他惊人的成就哦。尝试使用AI工具，了解祖冲之的主要成就。

2.宝藏猎人：据说，圆周率的小数点后隐藏着一个神秘的宝藏数字，位于第一百位。使用AI工具"Kimi"，找找看，圆周率π小数点后一百位的神秘数字是什么？

3.魔法公式：在数学的魔法世界里，有一个被大家称为"最优美的公式"——欧拉恒等式。它看起来简单，却包含了数学的奇妙魔力。使用任意一款AI工具，了解这个等式的神奇之处。

## 第六章

## 闯入语文幻境，诗词大乱斗

冷面判官"八股严公"，谁能赢得他的点头称赞？

随着行程深入，原本冷硬理性的数学风光渐渐被柔情似水的文字风情取代，他们心领神会：语文国，我们来了！

踏进语文国，李东东和云小淘瞬间被眼前的文艺大片场景迷得七荤八素。语文国大门就是一本放大版的 3D 立体书，上面刻满了名人名言，一笔一画都像装了马达，讲述着一串串精彩绝伦的故事。这里的街道不再讲究横平竖直、规规矩矩，而是像散文一样自由洒脱，弯弯曲曲得像诗人酒后的草稿。沿途各种文化地标琳琅满目，古色古香的文学院、鬼斧神工的诗词碑林、精美绝伦的文学雕塑，应有尽有。

在语文国这个神奇的世界里，居民们的交流充满了诗意和哲理，他们的言语交流如同古典文学中的对白，满溢着中华传统文化的深厚内涵。只见广场中央，一位银须飘飘的老者正在向一群孩童讲述《岳阳楼记》，他的话语如同潺潺流水，字字珠玑，引得孩子们拍手称赞。

集市上买卖交易也是诗韵十足，摊主吆喝着："葡萄美酒夜光杯，客人快来买一杯。"顾客答曰："但愿人长久，千里共婵娟。便赊一壶酒，共赏今月圆。"

溪边，两位正值豆蔻年华的少女正在互诉衷肠。不同于古代诗词中常见的闺秀哀愁，这两位少女活泼开朗，她们的对话新颖独特，洋溢着新时代的气息。一位少女俏皮地说："昔日孤影照清泉，今朝闺蜜笑相伴。"另一位少女接道："共享春风秋雨时，不负韶华不负

卿。"这个国度，不仅沐浴在现代文明的璀璨阳光之下，更牢牢扎根在东方千年积淀的传统文化土壤中，构建出一个令人心驰神往的理想家园。

正当李东东在一条蜿蜒曲折的小巷里穿梭时，耳边传来阵阵低沉而稚嫩的叹气声，顺着声音，李东东和云小淘来到了一棵老槐树前。

此时，一群看上去不太开心的小朋友，围着老槐树坐着，面前摆着大大的书和毛笔。原来，在语文国，有个叫八股严公的官员，让孩子们天天写很老派的八股文，就像玩严格的填字游戏，每句话怎么写都有规定，这让孩子们觉得像是思想被锁住了，不能自由发挥想象，写故事也变得没意思。

"就像是画画只能按照模板来，不能发挥想象力了。"李东东打了个比方，大家都使劲儿点头，说现在写春天，不能自由描绘美丽的景色，反而要先背古人的句子，感觉想象力都被绑住了。

听到这些，看到小朋友们眼里对快乐学习的渴望，李东东决定要做些什么。他要挑战八股严公，帮孩子们找回那个可以自由想象、快乐学习的世界，让学校再次充满欢笑和创意。

在小朋友的带领下，李东东穿越热闹的市集，走过青石板小路，来到了坐落在绿竹林间的八股严公府，府邸门前，有一对威严的石狮

在守护。

　　他们被一个穿着讲究的管家请进了府里，见到了传说中的八股严
公。只见严公端坐在书房，一副严肃的样子，身后的书架摆满了各类

古典文献，四周弥漫着浓厚的书香气息。

李东东开门见山向严公表达了现在的教育方式会压制孩子们的创造力的担忧，认为现在学校里的孩子们就像小鸟被困在了笼子里。严

公听罢，摇摇手里的大毛笔，冷冷地回应道："尔等可知，八股文者，乃我国千年文化之精髓，旨在锻炼心智，培养毅力。试问若无规矩，何以成方圆？今日之所学，正是明日之基石。所谓创新，岂可随性而为，放任散漫？"

尽管李东东竭力陈词，主张教育要顺应时代发展，让每个孩子都能闪光，但严公犹如顽石般固守传统，坚持现在的教育方式。

正当李东东皱着眉头，苦思冥想之际，"东东，举办一场'天下

第一比文大会'如何？若你能在比赛中击败八股严公派出的所有代表选手，那么八股严公就会认真考虑你们提出的教育改革方案。"云小淘建议道。

李东东一听，眼睛瞬间亮成了小灯泡，兴奋地一拍大腿："这主意简直太酷了，我现在就和八股严公说去！"

八股严公听了李东东的建议，虽心有疑虑，但出于对自己教育方式的自信和对荣誉的捍卫，他同意了李东东的挑战。他神情凝重，而后徐徐开口道："李东东，君子立世，当以信诺为基，是以吾欲纳此赛局，以验各路英才之能。倘汝辈果能于赛事中脱颖而出，摘得魁首，则吾必俯察今时新育之观，酌而取之，用于我语文国教化之道。若吾所秉持之训育法则，于竞技之中卓然而立，亦望汝能领受，知悉恪守法度，承继经典于语文修习中之不可或缺。"

在双方达成共识之后，"天下第一比文大会"的筹备工作紧锣密鼓地展开了。消息如春风般迅速吹遍了语文国的每一个角落，无论是城中的学者、村野的少年，还是宫廷的达官显贵，都对此议论纷纷，翘首企盼这场决定语文教育未来走向的盛会。

大赛当天，语文国热闹得就像过年，那个豪华的赛场被打扮得花枝招展，亮得像白天的月亮。

李东东作为"现代教育理念"一方的领头羊，心里稳得像泰山，就等着大显身手，跟各路英雄一决高下。

在万众瞩目之下，八股严公以庄重而充满期待的语气宣告："今日之战，非寻常技艺之比拼，实为探求教育真理，传承与创新并举之试炼。愿诸位学子口吐珠玑，尽展所学，以实绩论英雄，以成果定乾坤。"

随着一声响彻云霄的钟鸣，"天下第一比文大会"的大幕就此热烈拉开，一场关乎语文教育未来的激战即将上演。

第一场比赛是别开生面的"春"字飞花令，规则是：参与游戏的人轮流说出含有"春"的一句诗词，且每次所引用的诗句不能与之前说过的重复。

李东东本场的对手是八股文首席导师、字句宗师苏景义，他以在古典文学上的深厚造诣和对飞花令的精通而闻名遐迩。

李东东镇定自若，他的右侧，云小淘的智能屏幕上，内置的 AI 大语言模型"通义"早已启动，时刻准备为他提供诗词支援。对面的苏景义一身儒雅装扮，身为八股文的泰斗，他显然对自己的诗词底蕴充满自信。

比赛开始，苏景义率先吟出："春日迟迟，卉木萋萋。"

李东东微微一笑，凭借自己平时积累的诗词底蕴，从容应对："迟日江山丽，春风花草香。"

随着时间一分一秒地过去，原来觉得自己稳赢的苏景义有点纳闷了，每当他引经据典，抛出一首首佳句时，李东东瞬间便从浩如烟海的诗库中精准捕捉到应对之词，信手拈来，对答如流，那份举重若轻的风采令人赞叹不已。

苏景义不知道的是，这一切，其实得益于李东东身边的云小淘，它悄无声息地启动了强大的语言大模型"通义"，为李东东源源不断地输送着诗词的洪流。

屏幕上瞬息万变的诗句犹如繁星闪烁，汇成一条璀璨的诗河，不论苏景义引述的是唐代王之涣描绘春景的"羌笛何须怨杨柳，春风不度玉门关"，还是宋代辛弃疾借春景抒怀的"更能消、几番风雨，匆匆春又归去"，乃至明清佳句"草长莺飞二月天，拂堤杨柳醉春烟"，每当下一句挑战发出，李东东只需扫视一眼云小淘的屏幕，就能找到恰如其分、意境优美的诗句予以回应。

又经过了九九八十一轮对决后，苏景义终于遗憾坦言自己已无更多应

答之词。而李东东，在"通义"的帮助下，依然保持着充沛的诗词库存，成功地在"春"字飞花令对决中先下一城，赢得了这场扣人心弦的较量。

李东东正享受胜利的喜悦时，八股严公突然站了起来，他捻须点头，缓缓说道："后生可畏，孺子可教也。东东小朋友，不简单！"他的话语既有赞许，又藏着一丝不甘心。

八股严公话锋一转："不过，咱们语文国藏龙卧虎，我还有秘密武器——李文渊，没上场呢。东东小朋友，下一场比试，准备好了吗？"

现场瞬间沸腾起来，更加期待下场精彩比赛。李东东听了，跃跃欲试，他回头看了看云小淘，云小淘嘴角上扬，露出自信的笑容，好像在说："放心吧，无论是谁，我们都有信心战胜他！"

就这样，一场更让人期待的对决即将上演，勇敢的小战士李东东要对战的是语文国的超级大明星——李文渊！

李文渊从小就展现出惊人的天赋，5 岁的时候，同龄人还在数星星，他已经博览群书，20 岁就成为了语文国大名鼎鼎的智慧超人，是八股严公最得意的学生。

最后一场比试是超级阅读大冒险。李东东和李文渊要在两个时辰（4个小时）内翻阅一座由几千本书堆成的"知识小山"，接着完成一项更难的任务——根据看过的书，各自写一篇关于"语文国未来教育应该怎么做"的大论文。

只见广场中央，有一个超大的、一座由数千卷珍贵文献有序堆砌

而成的小丘，像个小金字塔一样稳稳地立在地上。想要一字一句把所有的书都看完，那绝对是一件几乎不可能完成的任务，更别说在短短两个时辰内还要写一篇有深度的论文。

比赛开始！李文渊大步流星，踏进这座由无数本珍贵书卷堆砌成的知识森林。他眼神犀利，指尖轻触书背，翻开第一本古书。他的"一目十行"神技展现出来，嗖嗖嗖地，如疾风扫落叶般，书里的字句在他眼中就像排好队的小蚂蚁，整齐又快速地进入他的大脑。几分钟，厚厚一本书就被他消化掉了。

广场上人挤人，热闹得像春节大庙会。大家都围成圈，眼珠子一动不动盯着李文渊，就像是在看一场超级厉害的魔术表演。每翻一页书，人群中就响起一片惊呼。小朋友们看得下巴都要掉下来了，眼睛瞪得圆圆的，心里种下了想要变聪明的种子。老爷爷摸着白胡子，心想："要是我小时候也能这样看书该多好啊！"李文渊读书的样子，让每个人都觉得超级震撼。

看到李文渊读书这么快，这么厉害，大家都替李东东捏了一把汗。

面对李文渊那像超级电脑一样恐怖的读书速度和理解力，李东东不仅没有露出害怕的表情，反而一副成竹在胸的样子，脸上露出自信的笑容。

接下来，他要做的事，将彻底颠覆这场比赛，引爆全场！

只见李东东拿起一本厚厚的大书，飞快地翻过每一页，云小淘的眼睛立刻变成了超级扫描仪，启动高精度的光学字符识别（OCR）系统，眨眼间就把密密麻麻的文字变成了机器能识别的数据。

同时，云小淘启动了 AI 小助手"Kimi"，负责理解和解读这些数据。"Kimi"的自然语言处理能力超级强，能在轻松消化两百万字信息的同时找出重点和深层含义。

这一幕把周围的人都看呆了，李东东和他的智能小助手让大家对人类学习知识速度的极限有了新的认识，也让大家对未来教育能有多神奇充满了想象。

这场比拼，不只是考验谁知识多、理解力强，更是给大家展示了在科技飞速发展的时代，教育方式能有多丰富多彩、多有创意！

在云小淘和小助手"Kimi"的完美合作下，李东东用极短的时间读完了这一大堆书，并且"Kimi"已经麻利地把这些书里讲教育的部分都整理出来了。他扭头一看还在埋头苦读的李文渊，发现对方连一半的书都没看完。

快速读完几千本书后，李东东回到书桌前，面对白花花的纸和黑乎乎的砚台，准备大展身手，写下他对未来教育的深刻想法。现在的他，不像刚才用高科技看书那样轻松自在，而是变得沉稳而又专心致志。

云小淘，这位形影不离的智能朋友，贴心地用温柔的声音问："李东东，需要'通义'的帮助吗？"李东东坚决地说："不用了，我想自己写这篇关于未来教育的文章。虽然'通义'很厉害，但我更想通过自己的思考和笔杆子，把这些读到的知识变成我对教育更深的认识和感受。"

通过在数学国和语文国的经历，还有 AI 智能助手的帮助，李东东深深地体验到科技在帮他学习和成长中的力量。他在语文国的种种冒险，也让他对未来教育有了很多深刻的思考。他信心满满地拿起笔，开始奋笔疾书：

亲爱的老师和同学们：

今天我想分享一下我对未来教育的一些想法。最近，我和我的智能助手云小淘，还有 AI 工具"Kimi"一起阅读了许多关于教育的书籍，结合我最近的种种神奇经历，让我对教育有了全新的认识和憧憬。

首先，我认为未来的教育将会更加个性化。就像我之前使用的"通义"，它能根据每个人的不同需求提供定制化的信息，我们的课堂也

可以运用 AI 技术，为每个同学量身打造学习计划，让每个学生都能在最适合自己的节奏和方式中快乐学习，发掘潜能。

其次，科技让教育无边界。通过网络和虚拟现实技术，我们可以随时随地进入丰富的知识世界，不受地域限制，接触到全球优质的教育资源。就像"Kimi"帮助我快速阅读和理解上千卷古籍那样，学生们也能借助科技手段迅速掌握各种知识。

此外，AI 还能帮助我们实现教育公平。智能辅导系统可以帮助那些偏远地区或特殊群体的孩子获得同样优质的教育机会，弥补教育资源的不均衡。我希望有一天，偏远地区的孩子们也能用上"豆包"和"通义"，AI 能够让他们看到更大、更远的世界。

最后，我希望未来的教育不只是传授知识，更要培养我们的创新能力、批判性思维和解决问题的能力。"Kimi"虽然能协助我阅读和理解书籍，但真正的思考和应用还需我自己来完成。我们要学会与 AI 共舞，而不是被取代。

总的来说，科技为教育插上了翅膀，让我们有能力去探索更广阔的教育天空。让我们携手科技，共同绘制一幅充满活力与创新的未来教育蓝图，让每一位学子都能在智慧的海洋中乘风破浪，扬帆远航！

李东东

李东东一口气写完这篇文章，放下笔，长长地舒了一口气。

李东东写的文章一亮相，就在语文国里炸开了锅。小朋友们和大人们都围过来，眼睛瞪得圆圆的，被他那些新奇又深刻的想法迷住了。他的故事告诉大家，未来的学校会多么酷炫，还把老祖宗的智慧和现代科技变成了超棒的朋友，让人人都觉得"学习原来还可以这么

好玩"。

李文渊，那个读书飞快的超级学霸，看完李东东的文章，也悄悄地竖起了大拇指。

八股严公读完文章后，脸上露出欣慰的笑容。他宣布李东东是"天下第一比文大会"的冠军，李东东的想法也让他决定，要让语文国的学校来个大变身。他要加入更多有趣的科技，扔掉那些老掉牙的方法。他还要建一个超酷的充满智能的学校，让每个小朋友都能找到自己的闪光点，快乐地学习，变成超级小英雄。

## 惊险烧脑！成语迷宫大逃亡

李东东鼓起勇气，向八股严公提出了一个大胆的请求：他想见语文国的国王，找到语文国神秘的智慧钥匙，拯救被困在异次元空间的姐姐陈西西。

八股严公被李东东的勇敢感动了，决定带李东东去见国王。他们一起走过充满故事的街道，跨过诗一样的桥，来到了超级华丽的皇宫门口。李东东走进去，眼睛都亮了。

国王的宝座不是什么金光闪闪的龙椅，而是一个巨大无比、能装下所有知识的书架。而国王居然是一本活着的充满智慧的《辞海》。

突然，《辞海》国王"呼噜"一声，说话了！那声音像是知识爷爷在讲故事，深沉而又遥远："李东东啊，你一路跋山涉水，终于来到这儿。我是语文国的国王《辞海》，我要送你一座知识金山。不过，要挖到宝贝可不容易哦，你得有铁杵磨成针的耐心和追求知识的无尽热情，才能破解文字背后那些神秘的密码。"

《辞海》国王的眼睛像两盏探照灯，"唰"地一下照亮了前方："李东东，你要找的智慧钥匙，就藏在我身后的'成语迷宫'。在成语迷宫里，你会遇到两个谜题。只有当你把这两个谜题全部解开，通往智慧钥匙的神秘通道才会出现。不过，我只允许你召唤你的 AI 小助手两次，这是我给你出的考题，看看你能不能自己解决难题。只有自己亲自尝试，那些藏在成语迷宫深处的智慧秘密才会乖乖跳进你的小脑袋瓜里。"

李东东顺着《辞海》国王的目光看向成语迷宫，只见它的外立面，一会儿"狂风骤雨"般豪情万丈，一会儿"雷霆万钧"般惊心动魄，一会儿"小桥流水"般温文尔雅，一会儿"车水马龙"般热闹非凡。通往迷宫的道路，是"千丝万缕"的历史长卷，每走一步，就像脚踏实地地走进了文化的大动脉。

李东东怀着忐忑而又兴奋的心情进入成语迷宫后，被眼前的景象惊呆了。这迷宫简直就是汉字的大狂欢，一个个成语化身成砖头，东一块"鹤立鸡群"，西一块"龙飞凤舞"，拼凑出一条条"山路十八弯"的通道，活脱脱一座知识版的"桃花源记"。

　　迷宫里，光影"乱花渐欲迷人眼"，像是知识海洋在上演"穿越时空的爱恋"。一阵"翰墨飘香"扑鼻而来，好像能听到智慧在"浅吟低唱"。抬头一看，好家伙，连照明都是"书中自有黄金屋"风格，古籍做的灯笼高高挂着，洒下"灯火阑珊处"般的温柔光线，把那些成语小径照得跟"诗中有画，画中有诗"似的。

　　李东东继续往迷宫心脏地带前进。各种场景切换得比变戏法还快，"咔嚓"一下，硬邦邦的成语墙秒变成一片"绿野仙踪"般的密林。阳光透过树叶，"光影绰约"得跟"世外桃源"一样。可别被表面的鸟语花香骗了，这气氛紧张得能拧出水来。

　　"嗷呜——"突然，一声"震耳欲聋"的虎啸差点把李东东的小心脏吓得跳出来。一只庞然大物登场了，它的毛色五彩斑斓，体型膘肥体壮，活脱脱一只"百兽之王"。周围的小动物们吓得屁滚尿流，四散奔逃。

　　李东东定睛一看，这"老虎"有点儿不对劲啊，走起路来轻飘飘的，虎纹下面"抖三抖"，尾巴摇得弱不禁风，完全没有虎虎生威的

气势。再仔细一瞅，狐狸尾巴已经露出来了。李东东顿时豁然开朗："这就是第一关'狐假虎威'啊！"

李东东眼疾手快，顺手捡起地上的一根狐狸毛，暗自琢磨着："小样儿，还想糊弄我？"他迅速启动"智囊团"——语言大模型"Kimi"，在"Kimi"的帮助下，李东东筹划了一套"打虎"行动方案，马上联系了躲在林子里的"动物小伙伴联盟"，准备一起上演一场"狐狸现形记"，让这只伪虎原形毕露。

夜幕降临，迷宫披上了一层银色月光大氅，仿佛是特意为李东东和他的动物小伙伴们揭开狐狸真面目的大戏提供的顶级特效灯光。沐浴在月光中的迷宫森林里，狐狸还在那儿装腔作势，妄图凭借"山寨版"的虎威唬住所有小动物，让它们臣服在"假虎"膝下。

李东东见状，大义凛然地站了出来，和狐狸上演了一场"眼神杀"对决。他眼中闪烁着"鉴定真伪"的坚定目光，毫不犹豫地戳破狐狸的伪装："狐兄，你这就是典型的'披着羊皮的狼'，不对，是'披着虎皮的狐狸'啊！"

狐狸一听，脸色大变，满脸"被揭穿真面目"的尴尬与愤怒。它怒吼一声，仿佛在说："李东东，你胆敢拆我台，看我不收拾你。"紧接着，狐狸如弹簧般跳起，尖锐的爪牙在月光下闪着寒光，直奔李东东而来。那架势，仿佛要上演一出"狐爪撕票"的惊悚大片。

　　气氛瞬间凝固，空气仿佛都停止了流动，李东东的呼吸也变得急促起来。不过，他可没被吓破胆，反而眼神更坚定了。

　　他大吼一声："狐狸，记住，在真正的勇士面前，你那点小伎俩就像纸糊的一样，一戳就破。现在我就让你瞧瞧真正的猛虎！"此言一出，仿佛有股神秘力量震动了整座森林。

话音刚落，森林中突然传来一阵地动山摇的猛虎咆哮。那声音之大，仿佛连大地都在瑟瑟发抖。紧接着，一道巨大的黑影从狐狸背后"嗖"地冲出，吓得狐狸一哆嗦，直接晕了过去。李东东眼疾手快，一把扯下狐狸的"虎皮大衣"，让它原形毕露，彻底暴露在群众雪亮的眼睛之下。

小动物们看到这一幕，纷纷鼓掌叫好，大呼过瘾："李东东，你太厉害了！你是怎么做到的？那只猛虎是从哪儿冒出来的？"李东东微微一笑，卖了个关子。然后，他手指轻轻一挥，指向不远处的小猫和淡定吃草的老牛，揭晓了谜底："各位，真相只有一个！刚才那惊天地泣鬼神的虎啸，其实是老牛模仿猛虎的低音炮，再通过藤蔓和竹筒组成的'森林音响'扩大播放。至于那道黑影嘛，全靠我们猫咪侦探利用月光投影技术，营造出猛虎下山的视觉效果。"就这样，李东东成功吓蒙了狐狸，也让大家明白了狐假虎威的深刻含义。

狐狸落荒而逃，消失在夜的尽头。突然，神奇的事情发生了，树木像变戏法一样不见了，变成一条闪亮的小路，弯弯曲曲地指向远方。小动物们高兴得直蹦跶，李东东也兴奋地继续着他的探险。

李东东"嗖"地一下滑进更深的迷宫，那里美得就像童话王国，有唱歌的小溪和大树遮阳伞！突然，他发现了一口石井，井底住着一

只开派对的小青蛙。这只小青蛙只见过井里的灰墙和水草,不知道外面世界的精彩。

李东东开始给小青蛙讲起外面的世界,有彩虹糖般五彩绚烂的花朵、像金黄煎饼的日出,还有晚上亮晶晶的星星海。小青蛙听得眼睛圆溜溜的,但还是半信半疑,因为它眼里的世界只有井那么大。

李东东不想放弃，他告诉小青蛙，外面的太阳是个超级大火球，漫天的星星洒满天空。可小青蛙还是摇头，它说除非亲眼见到，否则这些听起来就像是外星故事。

这时，李东东灵机一动，他可以给小青蛙做一个神奇的"地下望远镜"。但是怎么做呢？他赶紧求助"通义"。"通义"立刻给了李东东一个简单又有趣的制作指南。

李东东一边做这个超级炫酷的"地下望远镜"，一边给小青蛙讲故事，就像在演一部精彩的动画片。终于，小青蛙通过望远镜看到了外面的世界。有飘逸的柳叶、五彩的花朵、美丽的蝴蝶，还有金色的田野、高高的山和蓝蓝的湖，就像魔法电影一样，小青蛙激动极了。

它决定要跳出井口去看看这一切。经过一次次的努力，它终于像小

英雄一样跳了出来。更神奇的是，井壁开始发光，藤蔓自动分开，露出迷宫的出口，好像都在为小青蛙喝彩。

李东东也非常开心，他冲出了迷宫，感觉自己像打败了大魔王的超级英雄。最惊喜的是，他在出口发现了一把金光闪闪的钥匙。这就是传说中的"语文国智慧钥匙"，它散发着智慧的光芒，好像在欢迎他开启新的冒险！

"哗啦啦——"一阵风吹过，《辞海》国王突然出现，他身穿华丽的词句长袍，头戴诗行王冠，一边摇晃着"知识的羽毛笔"，一边给李东东鼓掌："东东，你真棒！成语迷宫算是被你玩明白了，看来你已经掌握了咱们语文国的秘密口令。希望这把神奇的钥匙，不仅能帮你打开语文宝箱，还能带你救出陈西西！"

《辞海》国王满意地点点头，化作一阵知识的清风消失在字里行间。李东东站在迷宫出口，仰望蓝天，心中充满了期待与激动。下一站，会是哪个神秘国度呢？他又会遇到哪些有趣的挑战呢？一切未知，让李东东的心跳加速，嘴角上扬。他深吸一口气，大步向前，继续这场充满欢笑与惊奇的智慧之旅！

## 小丹叔叔互动时间

1. 诗词接龙大挑战：想象一下，你和 AI 语言大模型一起，玩一个叫作"飞花令"的古老游戏。选择"山""花"或者任何你喜欢的字，看看谁能接出更多的诗词。你可以和爸爸妈妈一起比赛，看看谁是最厉害的诗词小达人。

2. 家庭诗词创作大赛：拿出家里的玩具、书本或者任何有趣的东西，在 AI 工具的帮助下，快速地写出和这些物体相关的诗词。比比看，谁创作的诗词最有创意，最有趣。

3. 成语迷宫冒险记：挑选一个你最喜欢的成语，然后用 AI 工具把它变成一个"成语迷宫"里的挑战故事。快来开启你的成语迷宫冒险，看看谁能第一个找到出口。

## 第七章

# 驾驭英语国，探秘魔法图书馆

## 智慧语言树，勇闯两大试炼关卡

结束了语文国的奇异冒险后，李东东和云小淘挥舞着知识的魔法棒，瞬间穿越了一片星光熠熠的宇宙，降落到了一个全新的神秘王国——英语国。英语国的景色如童话绘本里的一般，满眼都是五彩斑斓的异域风情。

街道两旁，亮晶晶的招牌、五颜六色的公告栏，全都在欢快地唱着英文歌曲，人们交谈时嘴里蹦出的单词，就像彩色糖果一样甜蜜又动听。抬头看，天蓝得像一块画布，飘悠悠的云朵像棉花糖一样软绵绵的，它们还会时不时变换成字母的模样，像是在天空中跳动的音符。

李东东还沉浸在这美轮美奂的世界里，一位戴着复古墨镜、身披

红白格子风衣，挂着一根金色手杖，自称是英语国王特使的老爷爷向李东东走来。他笑容满面地说道："李东东，国王大人已经迫不及待地想要见到你了，特地派我来接你！"

于是，特使带着李东东和云小淘开启了奇幻之旅。他们来到了一个神秘森林的空地上。一棵巨大无比、闪耀着智慧光芒的魔法树矗立在空地中央，那就是英语国的国王——Wise Language Tree King（智慧语言树国王）。它的树皮就像一本厚厚的英文历史书，上面密密麻麻地刻满了从古至今英语的变化历程，每一道纹理都藏着一个精彩的故事。

李东东站在神奇的英语国国王面前，感觉自己的心脏都要跳出嗓子眼了。国王的声音像低音提琴一样浑厚又动听，他告诉李东东："李东东小朋友，欢迎来到这个由英语构筑的奇妙世界。你知道吗？我们岛上有个叫作'哑巴英语村'的地方，原本那里的人们能用英语唱出最美的歌谣，但他们被某个邪恶的咒语封印了嘴巴。预言师说，只有来自另一个世界的小勇士，带着智慧和勇气，才能解开这个诅咒，帮村民们找回丢失的语言。李东东，你就是我们要找的那个小勇士。"

李东东满脸疑惑："国王大人，您这么看得起我，我真的很感激。可是，您可能不知道，其实我的英语才刚刚起步，说起来磕磕巴巴的，怎么可能是拯救'哑巴英语村'的勇士呢？"李东东看看云小淘，又看看国王，声音越来越小。

国王哈哈大笑起来，笑声像森林里的风铃，清脆又温暖："李东东，英雄可不是天生就会飞天遁地。他们都是在冒险的路上，一步步学会奔跑的。"说着，国王的枝叶轻轻摇摆，好像在做着什么神秘的手势，"在梦幻岛上，每个挑战都藏着让你的英语变厉害的小秘密。别忘了，你还有云小淘这位智多星呢！"

云小淘立刻跳到李东东身边，眨眨眼，笑得像个小太阳："对啊，东东！我们一起找到单词宝藏，打败语法怪兽，到时候我们就是'哑巴英语村'的大救星了。"

李东东听了，心里的不安仿佛被一阵风吹散了，眼里闪烁着兴奋的光芒。"好！那我们就一起，让'哑巴英语村'的村民们重新唱起快乐的英文歌吧。"

智慧语言树国王接着宣布了要解除封印，李东东必须完成的两大挑战：

第一关：勇气大闯关——李东东需要鼓足勇气，走进英语的世界，在"话浪大漩涡"中和各种各样的人用英语聊天，就像在玩一场语言版的捉迷藏。只要他能勇敢开口，让英语成为他结交新朋友的魔法密码，就能成功解锁"哑巴英语村"的第一道封印。

第二关：热爱大比拼——李东东需要用他的热情，向全世界的小朋友们介绍博大精深的中华文化。他要用英文把这些故事讲得绘声绘色，让每一个听故事的人都喜欢上他的国家。

宣布完挑战，智慧语言树国王鼓励地说道："东东，勇气、热爱和智慧，就是你战胜一切困难的法宝，也是你拯救'哑巴英语村'的终极武器！现在，出发吧，小勇士。我等着你胜利归来的好消息。"

李东东心中满是期待与紧张，他在村间的长椅坐下，轻轻点击手机屏幕上的"豆包"英语学习助手。初启对话，他的声音略微颤抖，"Hello……Uh, I want to practice my English. Can you help me？"（你好……呃，我想练习我的英语。你能帮帮我吗？）李东东的话语间透露出初次尝试的羞涩和小心翼翼。

"豆包"立刻回应，声音温暖而亲切："Of course, I can help you

practice your English. That's my job! So, what do you want to talk about？"（当然可以，我可以帮助你练习你的英语。这是我的分内之事。你想聊点什么？）

李东东微微一笑，听到"豆包"的引导后，他鼓足勇气给出了回答："Sure, let's start with that!"（当然，我们就从那个开始吧！）原本以为开口说英语会无比艰难的他，惊讶地发现自己居然能顺利地与"豆包"进行简单的对话。原来，通过"豆包"的贴心引导和模拟真实场景的对话练习，英语交流似乎没有想象中那样困难。

随着时间的推移，李东东与"豆包"之间的对话越来越顺利，他的英语口语能力也在不知不觉中得到了显著提升。他感慨万分，原来，一切的困难都源于最初的害怕和陌生感。如今，他已经踏上了通向勇气试炼的道路，对于未来的英语挑战，李东东充满了期待与信心。

他踏上了通往"话浪大漩涡"的冒险之路。远远望去，那里简直是语言的海洋，李东东被这壮观的场面吓得倒吸一口凉气。不过，他很快想起和"豆包"一起"打嘴仗"的日子，那些看似普通的日常对话此刻仿佛变成了保护盾，给他壮了壮胆。

李东东深吸一口气，朝着正在和一群年轻朋友"舌战"的艾瑞克先生走去（之前国王已经告诉他这一关的负责人是艾瑞克先生）。他清了清喉咙，用有点害羞但坚决的声音说："Excuse me, Eric. My

name is Li Dongdong. Wise Tree King told me to come here for a courage test. "（打扰一下，艾瑞克先生。我叫李东东，智慧语言树国王让我来这里接受一个勇气的考验。）

艾瑞克先生扭过头来，脸上挂着人畜无害的笑容，他拍拍李东东的肩膀，示意他尽管放马过来。李东东立刻开启"语言模式"，开始和艾瑞克聊起天来，从个人爱好到人文历史，艾瑞克先生听得津津有味，李东东也越说越顺溜，就像踩着冲浪板在语言的海洋里驰骋！

一番交流下来，艾瑞克先生对李东东的表现赞不绝口，他竖起大拇指，称赞李东东是"勇气演说家"，还送给李东东一枚"Courage Speaker"（勇气演说家）徽章留作纪念，这也是李东东挑战自我成功的荣誉证书。

通过"勇气试炼"，李东东的信心像火箭一样飙升。他迫不及待地要迎接"热爱大比拼"的挑战——用英语向全世界的小朋友们介绍中华文化。

在"豆包"的帮助下，李东东就像个英语魔法大师，挥舞着词汇魔棒，开始向大家介绍中华传统节日——春节。"春节时，大家会放鞭炮、贴春联、包饺子……"

李东东讲得眉飞色舞，把春节说得像一部精彩的动画片，小朋友们听得眼睛都亮成了星星。接着，李东东又带大家坐上语言时光机，介绍了那条超级无敌的"石头长龙"——长城。他用流利的英文告诉大家，这条巨龙守护着我们的家园，见证了无数英雄故事，是中国的骄傲和象征。小朋友们听得如痴如醉，他们纷纷表示从未见过如此壮观的建筑，也从未想过人类能够创造出如此宏伟的工程。在李东东的热情介绍下，小朋友们对中国已经产生了浓厚的兴趣，迫切期待着有机会能去到中国，亲身感受这个悠久而充满活力的国家。

## 魔法图书馆奇遇记

在经历了"勇气大闯关"和"热爱大比拼"之后，李东东感觉自己已经是个英语超人啦！他蹦蹦跳跳地来到智慧语言树国王面前，拍着胸脯说："嘿，国王大人，您的试炼对我来说就是小菜一碟嘛！我已经准备好接受新的挑战了。"

国王笑眯眯地看着李东东，像早就猜到了他的心思："李东东，你勇气可嘉，热爱满格，真不错。不过，真正的冒险现在才开始。我要带你去神奇的'英伦魔法图书馆'，找出一本藏在书海里的神秘宝典。找到这本宝典，就能找到英语国的智慧钥匙。我不会给你任何线索，只有最聪明、最有洞察力的小侦探才能找到它。"

李东东跟着智慧语言树国王进入古老的英伦魔法图书馆，四周充满神秘气息。高高的书架像密林，书的香味飘在空气中。他发现了一扇半开的密门，里面藏着一个神秘房间。

房间中央立着一根雕刻精美的石柱，石柱顶上的水晶球泛着蓝光，底下黑石板刻着闪亮的金字"第一把钥匙开启旅程"。石板角落挂着一把银锁，银锁的一旁刻着罗马数字"I"，似乎正等待着挑战者的到来。

李东东一靠近，石板上的字突然动起来，变成了一道紧张刺激的谜题：

"Prince of Denmark，William Shakespeare's Drama，To be or not to be.Who am I？"

李东东低头沉思，猜不出这个谜语，遂低声向身边的"豆包"求助。"豆包"瞬间闪烁着智慧的光芒，语音温润而清晰地回应："这个谜题的答案是Hamlet（哈姆雷特），丹麦王子，出自英国大作家莎士比亚的戏剧，那一句著名的独白'To be or not to be'正是他内心的挣扎。"

李东东毫不犹豫地大声念出了答案："Hamlet！"话音刚落，那把古老的银锁仿佛感应到了正确的答案，突然绽放出炫目的蓝光，犹如一道神秘力量激活了沉睡的魔法。锁芯发出轻微的咔嚓声，紧接着，锁头缓缓转动，自动打开了。李东东瞪大了眼睛，屏住呼吸，看着这一幕，内心充满了惊奇与期待。

银锁打开的刹那，一股无形的能量从锁中溢出，汇聚成一道流光，沿着图书馆的石砖地板延伸至一扇古老的雕花门前。门楣上，七颗晶莹剔透的月亮石镶嵌其中，每一颗都散发出微弱的荧光。它们彼此呼应，组成了一个神秘的阵列，犹如夜空中闪烁的北斗七星，门楣上"7 Moons"（7个月球）的字样闪闪发光，这里居然是一座巨大的天文台。

李东东来到天文台，依次触摸水晶球，每触摸一颗，都会触发一个与童话故事相关的动画投影。

在触摸到第七颗水晶球时，地面突然震动起来，图书馆一角的书架徐徐移开，书架尽头又一块庄严的石碑赫然矗立，石碑上刻着罗马数字"II"，下面则浮现出又一行英文谜题：

"She sleeps in glass, seven companions by her side, tempted by a poison-bite. Whisper her name, awake from eternal night."

（她在玻璃棺中沉睡，身边伴着七位同伴，被毒苹果诱惑。轻唤她的名字，让她从永恒的黑夜中醒来。）

李东东在"豆包"的帮助下，低声念出了"Snow white"（白雪公主）。随着这个名字在空旷的图书馆中央回荡，石碑上的罗马数字

"II"闪烁了一下,紧接着整个房间的光线发生了变化,仿佛回应了他的呼唤。

巨大的书架缓缓移开,露出一扇镶嵌着苹果宝石的大门。他一触苹果宝石,门瞬间打开。

门后是一间隐蔽的密室,里面摆放着一本古老的典籍,封面上烫金的字体写着"Guardian of the Fairy Tale World"(童话世界的守护者),书的一旁还有一张探险地图。跟着地图,他发现了一扇伪装的暗门,进入一个神秘空间,那里满是古老符文和魔法光芒。

在神秘空间里,古老的符文爬满石壁,昏黄的魔法光芒从头顶洒下,像探险电影里的神秘场景。一面墙上,精美的蛇徽挂毯透露出古老家族的秘密。周围堆满的旧卷轴,藏着魔法和未解之谜。

在神秘空间的正中央,一把镶嵌着宝石的宝剑熠熠生辉,剑身上缠绕着银色的蛇形装饰,还有一个醒目的罗马数字"III"。

在罗马数字的旁边,一行英文谜题闪着蓝光:

"He,Who Conquered the Dark Lord Twice."(那个两次征服黑魔王的人)

看到谜题中的英文,李东东立即联想到的是哈利·波特(Harry Potter)

及其对抗伏地魔（Dark Lord Voldemort）的两次伟大胜利。他身为一名"哈迷"，对这个故事的细节了如指掌。他毫不迟疑地大声说道："Harry Potter！"

　　李东东话音刚落，密室像被魔法触碰，空气嗡嗡震响，昏暗转瞬被奇异力量点亮。他手中的书突然就变了，从《童话世界的守护者》变成了《哈利·波特与魔法石》，封面活灵活现，魔法符号闪烁，好像在鼓掌庆祝。这是解开谜题的信号，李东东闯关成功！

　　随着能量轰隆涌动，图书馆突然活了。李东东的心脏扑通狂跳，

时间好像凝固了一般。接着，不可思议的景象出现了，书架如士兵听令般活了起来，摇摆、交错，变动方位，筑起一道道迷宫，封死了出口。书籍像被施了魔法，哗啦啦从架上飞旋而下，带着尘土，编织出一场知识的旋风。

正当李东东因突如其来的混乱感到恐慌之际，一道耀眼的金色光

芒闪电般划破了黑暗，正是哈利·波特世界中的那个象征着无尽追逐与勇气的"金色飞贼"。它从密室的核心地带疾速冲出，带着一种难以抵挡的吸引力，在半空中盘旋穿梭，留下一道道金色的轨迹。

李东东鼓足劲，追着飞来飞去的金色小球，像在玩捉迷藏，要从魔法图书迷宫逃出去。他像小超人一样，躲开乱动的书架和飞舞的书本，紧紧跟着小球。

每次闪躲和跳跃，都像在跟时间赛跑，考验他有多勇敢。李东东汗流浃背，但眼神坚定，不害怕，不放弃。就在他快要累趴下时，小球慢了下来，引他到一个小角落。前面是扇好久没人开的大门，阳光正从门缝溜进来。

李东东用力推开门，外面的阳光好温暖，他终于从神奇又危险的图书馆逃出来了。虽然喘着粗气，但他的笑脸却像赢得了大奖，又开心又骄傲。这次，他不光解开了谜题，还在冒险中找到了出路，最重要的是，他找到了勇气和智慧，成了自己的小英雄。

李东东走出图书馆，抬头一看，智慧语言树国王正笑眯眯地站在那里。这位威严而亲切的国王身上流淌着盎然生机，他的笑容如同拂过湖面的春风，让人备感安慰与鼓舞。

智慧语言树国王轻轻拍打着枝叶，赞许地看着李东东："小勇士，你成功完成了英语国的所有挑战，也让'哑巴英语村'的村民们可以重新自由自在地说话了。现在，我将以人类语言守护者的身份，正式将这把智慧钥匙交付于你。"

国王抬起手，一颗璀璨的蓝色晶体从他的枝干中缓缓升起。他将这枚智慧钥匙郑重地递给李东东，话语中充满了期待与祝福："小勇士，带上这把智慧钥匙去解救陈西西吧。愿智慧与勇气永远伴随你左右，助你克服一切困难，达成使命。"

## 小丹叔叔互动时间

1. **魔法英语时间**：打开手机中的"豆包"，和里面的"英语学习助手"进行一次 10 分钟的英语对话练习吧。看看你的英语能不能变得更厉害。

2. **童话故事时间**：挑选一个 AI 语言大模型，让它给你讲一个美妙的英文童话故事。如果故事里有什么你不懂的英语单词，别担心，AI 小助手会帮你解答哦。

3. **小小美食家**：假如你到一个国外餐厅，要怎样用英语点到你最喜欢的美食呢？别担心，AI 工具里的"英语学习助手"会教你如何变成一个小小的国际美食家。试试看，看看它能不能帮你用英语和服务员交流，点到你心中最想吃的美味佳肴吧！

## 第八章

## 艺术仙境奇遇，唤醒封印的灵感宝石

### 解密封印、唤醒沉睡千年的"灵感之心"

李东东刚从英语国的奇妙探险里凯旋，没想到"嗖"地一下，他又卷进了一个更神秘、更炫酷的世界——传说中的艺术国。李东东的眼睛都快变成超大的望远镜了，瞪得圆溜溜的，因为眼前的一切都太神奇了。

艺术国就像一本会蹦跶的立体漫画书，每一页都挤满了疯狂的想法和缤纷的颜色。城市里的建筑们可不安分了，它们在太阳公公和月亮婆婆的灯光下跳起舞来，一会儿换上五颜六色的大胆涂鸦，一会儿披上闪闪发光的宝石袍子。看，那座彩虹桥竟然架在星星串成的银河上，通往飘在半空中的云朵花园。就连街头的雕塑也会唱歌呢，它们

随着风儿轻轻摇摆，奏出一首首发光的曲子。还有路边的大树，树干上密密麻麻写满了诗，叶子嘛，每一片都不一样，像一幅幅画一样。

这个王国就像个永不打烊的超级游乐园，每一秒都在变魔术，上演各种艺术大秀。

就在李东东被五彩泡泡包围，晕乎乎找不着方向的时候，一道光芒从天际飞来，化成一条彩虹滑梯，直通艺术国的心脏——中央广场。只见广场上耸立着一座熔岩城堡，它像变色龙那样变来变去，一会儿金光闪闪地像穿着国王的新衣，一会儿蓝幽幽的像海底龙宫，真够捣蛋的。

城堡的大门"吱呀"一声开了，走出来一位身高两米、全身闪闪发光的老爷爷。他的笑容比太阳还要温暖，眼神里藏着智慧的小星星。他迈着大步走到李东东面前："嗨，小勇士。欢迎来到艺术国。我是这里的国王，大家都叫我彩梦国王。"

李东东仔细打量这位闪亮亮的国王，他的身体简直就是个巨型调色盘，从头到脚都是各种不同的颜色。国王随便一挥手，就能画出一道彩虹，然后"嗖"地飞上天，变成一朵云或者一幅会动的风景画。在他的魔法棒下，艺术国的每一个角落都像被施了魔法，总是变变变，热闹得不得了。

紧接着，彩梦国王心事重重地告诉李东东一个大秘密：在艺术国的心脏位置，藏着一颗超级宝石——"灵感之心"，它是所有色彩和创意的能量源，每天都在给艺术国输送无穷的灵感。但是，有个黑暗魔法师从黑暗洞穴里跑出来，封印了这颗宝石，还打算偷走艺术国所有的色彩和想象力。

彩梦国王接着说，为了解开封印，需要李东东回到现实世界中，找到七幅世界上最有艺术价值的画，然后复制这些画的灵感，注入到艺术之国的"灵感之心"。只有这样，封印才会消失，才能解除艺术国的危机。

说到这里，彩梦国王从他那仿佛能装下整个宇宙的袍子里，抽出一件神奇宝贝——"七彩时空画卷"。这幅画就像是个藏宝图加 GPS 导航器，上面显示着人类世界中的七幅最有艺术价值的画在现实世界里的确切位置。更酷的是，它会在关键时刻跟这些画产生神秘链接，

帮李东东找到每一幅画的藏身之处。他庄重地把画卷交给李东东："这不仅仅是一次冒险，更是一场考验勇气、智慧和对艺术热爱的挑战。你准备好了吗？"

李东东接过那面传说中的"七彩时空画卷"，感到一股神秘的力量在画卷中涌动。时空画卷的表面开始闪烁着耀眼的光芒，仿佛在召唤他进入一个未知的世界。他紧紧握住画卷，闭上眼睛，感到一股温柔的力量包裹着自己。

当他再次睁开眼睛时，已经站在了北京故宫博物院的宏伟门前。阳光透过古老的树木，斑驳地洒在他的身上，故宫的红墙金瓦在阳光下显得格外庄严。他知道，故宫是一个承载着无数历史和文化的地方，也是他寻找第一幅和第二幅传世之作的起点。

李东东小心翼翼地展开手中的"七彩时空画卷"。一打开，就像是夜空中最亮的星星指路，引导他们找到了两件超级有名的宝贝画——《五牛图》和《清明上河图》。这两幅画可都是古代大画家的代表作品。《五牛图》由唐代著名画家韩滉创作，是中国十大传世名画之一，也是现存最古老的纸质中国画，画的是五头勤劳牛牛的快乐农场生活。

《清明上河图》是由北宋画家张择端创作的一部旷世杰作，再现了当时世界上最为繁华的大都市北宋都城汴京的日常风情。

李东东看着这两幅画，心里既激动又紧张，他有一个艰巨的任务，就是要复制这两幅画。但是，这两幅传世之作，他一个小朋友怎么模仿呢？哎呀，这任务也太难了吧。

这时候，机灵鬼云小淘笑眯眯地说："东东，咱们有秘密武器哦！还记得那些聪明的AI画画机器人吗？它们能用高科技魔法，帮我们一起把画变出来，就像魔法照片一样，嗖嗖嗖就搞定！"

云小淘接着说："AI像是个学画画的超级聪明的学生。它看了很多大师的画，然后通过深度学习就能试着画出差不多的画来。虽然它还不能画出所有的心思和感觉，但速度超快，画得也挺像的！"

李东东一听，就像得到了一张藏宝图，兴奋地搓搓手，赶紧打开了 AI 画画小精灵。只见云小淘屏幕一闪一闪，好像在念咒语，不一会儿，"嗖"地一下，两幅新画就出现了。

《五牛图》原作         《五牛图》——AI绘画复制图（局部）

《清明上河图》原作       《清明上河图》——AI绘画复制图

李东东的眼睛瞪得圆圆的，嘴巴张成了一个大大的"O"形。他觉得自己离那个藏着艺术宝藏的"灵感之心"又近了一步。

告别了故宫，李东东"嗖"的一声穿越到了地球的另一端——美国纽约现代艺术博物馆。它像一个装满秘密的艺术盒子，静静站在热闹的城市中间。

跟着"七彩时空画卷"的指引，李东东来到了梵高《星月夜》画作前。

梵高是一位特别的画家，他属于印象派画家。不过他画画的方式又有点不一样，所以人们有时候也叫他"后印象派"画家。印象派的画家们都喜欢在户外画画，用点点色彩捕捉光影，就像你快速眨眼睛时看到的那样，一闪一闪，五颜六色。

而梵高呢，他更是特别中的特别，他用的颜色比彩虹还鲜艳，画出来的世界好像都有了自己的心情。《星月夜》就是这样一幅梦幻作品，天上的星星不是静静地亮着，它们在跳舞！月亮也笑弯了腰，整个画面就像是夜晚开的一个大派对，连风都来画里玩耍，和树儿一起跳起了舞。

虽然是模仿这么厉害的一位大画家的作品，但有了在故宫的经验，李东东一点也不慌了。他打开 AI 画画小精灵，悄悄告诉它："复制梵高的《星月夜》。" AI 画画小精灵嗖嗖几下，一幅新《星月夜》就跳出来了！虽然没有梵高那么厉害的笔触，但模仿得真的很像很像。画里的梦和魔法还是满满的，让人看了就想跟着星星一起飞起来。

完成《星月夜》的魔法复制后，李东东发现"七彩时空画卷"颜

《星月夜》原作

《星月夜》——AI绘画复制图

色变得更加鲜亮，光芒闪烁得像是星星在眨眼睛。突然，这幅画卷又变成了一扇神秘的门，"嗖"的一声，李东东来到了法国巴黎玛摩丹莫奈博物馆。这个博物馆躲在巴黎城里一个安静又艺术的角落，像是在说："欢迎来到光影的艺术世界。"

莫奈是个超级厉害的画家，也是印象派的代表人物之一。印象派善于用画笔捕捉生活中那些稍纵即逝的美妙瞬间，比如阳光在水面上跳舞，或者树叶在风中说悄悄话的样子。

而莫奈最擅长的就是用五颜六色的颜料和轻快的笔触，把看到的世界变得像梦一样美。他的经典画作《日出·印象》可是李东东最喜欢的画作。

那幅画中早晨的太阳公公偷偷露出笑脸，海水和天空都穿上闪闪发光的衣裳，美极了。他心里想着："我也要画出这样的魔法时刻。"

在 AI 画画小精灵的帮助下，李东东重现了莫奈爷爷画中的梦幻世界。他们一起在屏幕上撒下五彩斑斓的小点点，就像是在玩一场光与影的捉迷藏游戏。

《日出·印象》原作　　　　　　《日出·印象》——AI绘画复制图

此刻，李东东不仅仅是在复制一幅画，他更像是在跟莫奈爷爷跨越时空对话，学习怎么用新奇的方法讲述老故事。他想告诉所有人："看，艺术经典不老，它还能用科技的新翅膀飞得更高、更远呢！"

在这场艺术大冒险过程中，艺术国的"灵感之心"也因为他们勇敢的尝试，变得更加五彩缤纷了。黑暗力量被他们用爱和创造力一点点赶跑，灵感之心里的生机又慢慢回来了。

李东东对云小淘说："看，我们已经让一半的奇迹发生了！灵感

之心的宝石也开始发光，我们快去找到剩下三幅'传世之作'，解开封印吧！"云小淘笑着点头。

接着，他们来到了一个有巨大玻璃金字塔的奇妙宫殿——卢浮宫，就像是童话里的城堡！要知道卢浮宫可是世界上最大的美术馆之一，里面全是珍贵的艺术品，古老而又神奇。

《蒙娜丽莎》原作

《蒙娜丽莎》——AI绘画复制图

进入卢浮宫，顺着画卷的指引，李东东面前出现了一幅画。李东东惊讶地说："哇，这就是大名鼎鼎的《蒙娜丽莎》。它是超级大画家达·芬奇的作品。蒙娜丽莎的微笑像藏着秘密，我们要不要试试，用我们的魔法画笔，把这份神秘的笑容带到每个小朋友的心里？"云小淘兴奋地点头。

在输入了提示词之后，云小淘的屏幕里渐渐显现出一幅AI版的

《蒙娜丽莎》。虽然没有原画那么闪亮亮，但 AI 把蒙娜丽莎最重要的样子都画了出来，特别是那个神秘的微笑，笑得既像书里说的那样神秘，又带了点电脑世界的奇妙味道。

李东东盯着屏幕上的画，心里就像吃了糖果一样甜，他觉得是艺术和科技手拉手，一起创造了这个时代的小小奇迹。他悄悄对画里的蒙娜丽莎说："看，你不仅活在古老的故事里，也在我们未来的梦里笑呢！"

在成功复制了《蒙娜丽莎》那神秘微笑之后，神奇画轴变成了一个会说话的彩虹桥，"嗖"地一下带着李东东飞往下一个艺术宝藏的秘密地点。这次，他们来到了远在西班牙的神奇城堡——索菲亚王后国家艺术中心。这地方以前是个旧医院，现在却像变魔术一样变成了一个超级炫酷的现代艺术宫殿。

他们走进一个看起来超级酷的房间，里面有一股能让人变得安静的魔力。墙上有幅画，画里的线条就像是在疯狂地舞蹈，到处乱窜，但又特别吸引人。

这画虽然只有黑、白、灰三种颜色，但却讲了一个悲伤的故事。画面的构图特别复杂，和一般的画很不一样。画里面，有个强壮但是受伤的大牛，还有一些哭鼻子的人、破破烂烂的东西，还有火苗在房子上燃烧。这一切仿佛都在控诉战争所带来的破坏与哀伤。

云小淘悄悄告诉李东东，这幅震撼心灵的画叫《格尔尼卡》，是大画家毕加索画的。这幅画讲的是很久以前，一个叫格尔尼卡的地方遭到了轰炸，毕加索用画笔告诉大家战争有多可怕。他希望世界充满爱，不要有战争。

看着这幅画，李东东心里像被重击了一下，感觉既沉重又难受。他明白了，这不仅仅是一幅画，还是一个宣扬"世界和平"的信号。李东东心里暗暗发誓，要珍惜身边的朋友和家人，还有这个世界上的每一个人，和大家一起守护没有战火的蓝天。

李东东打开 AI 画画小精灵，输入提示词，就像在和画里的秘密说话一样。李东东没有忘记画里黑白灰的战争故事，他想给它加上鲜艳的颜色，就像是太阳公公送来的温暖拥抱，还有小鸽子带着和平的消息飞过。

《格尔尼卡》原作

《格尔尼卡》——AI绘画复制图

最后，他创造了一幅特别的《格尔尼卡》，这幅画既让人想起很久以前的故事，又感觉像是从童话书里跳出来的。它告诉大家，即使故事里有时会有乌云，但总会有美丽的色彩和温暖的阳光等着我们。

李东东用这种方法告诉小朋友们，世界因为爱与和平，变得更加精彩，我们要一起保护这份美好。

## 悬念揭晓！寻找失落的第七幅传世艺术瑰宝

李东东，这位小小的艺术探险家，刚刚征服了六大名画，正摩拳擦掌准备迎接最终的挑战——第七幅神秘巨作。可没想到，"七彩时空画卷"居然玩起了躲猫猫，安静得像个沉睡的宝宝，半点线索也不肯透露。

"遇到困难，要动动小脑筋"。李东东可是个机灵鬼，他开始回忆起之前的每一次创作，每幅名画都不是简单的模仿，他或多或少地都融入了自己的奇思妙想，比如《格尔尼卡》经他之手，就变得更加温暖和有希望。他学到的最重要一课就是：画画，就是要大胆想象，勇敢做自己。

正当东东绞尽脑汁，沉浸在回忆的海洋时，"七彩时空画卷"突然像被施了魔法，"嗖"地一闪，跳出个亮晶晶的金箭头，就像从漫画里蹦出来的小精灵，直指东东，仿佛在说："小画家，看这里，看这里！"箭头引领着一串星星，组成了一个超炫的秘密图腾，谜底揭晓：原来，最后的任务，是要东东创作一幅属于自己的独一无二的画。

东东恍然大悟，兴奋地跳了起来。

他迫不及待地启动 AI 画画小精灵，电子笔一挥，键盘上跳跃的字符如同施展魔咒一般："超时空汉服小王子""魅力爆棚的国风动漫主角"……随着指令的输入，屏幕渐渐显现出一个活灵活现的小英雄，那正是东东心中的自己。

李东东的二次元自画像——使用AI绘画工具

李东东全身充满了能量，他不想再当模仿大师，也不想画什么深奥的大问题，而是要画一幅超级炫酷的另一个自己——一个住在梦幻异次元世界的卡通版李东东。

就这样，在一阵阵激动人心的 AI 创造中，屏幕上慢慢出现一个小人儿的身影，然后加上头发、衣服、表情……越来越生动，一幅属于他自己的作品逐渐成形。

李东东眼睛瞪得圆圆的，嘴巴都快咧到耳朵边，心里乐开了花。他看着这幅由自己设计、AI 帮忙画出来的自画像，觉得这就是他想要展示的自己：一个穿越时空、既古典优雅又潮流时尚的小潮男。李东东心里美滋滋，这幅画简直太酷了。

至此，七幅"传世之作"就全部收齐，"七彩时光画卷"光芒四射，像一群快乐的小星星在开舞会，它们穿越时空，讲述着每幅画背后超炫酷的故事。

"叮"的一声后，"七彩时光画卷"摇身变成了一个超酷的时空穿梭滑梯。李东东往里一跳，就像坐上了火箭，瞬间穿越到古代和未来，眨眼间就能逛遍全世界的艺术宝藏。一会儿，他们正站在《格尔尼卡》的战场上，感受那份让人心疼的悲伤；下一秒，又溜达在北宋汴京热闹的街头，和《清明上河图》里的人们打着招呼；还没回过神，又骑上了《五牛图》里的大黄牛，晃晃悠悠地游走在田园诗画中；接着，"嗖"地一下，他们又被送到莫奈的花园，看着《日出·印象》里的太阳公公起床刷牙洗脸；再一眨眼，就站在了达·芬奇大师的工作室，偷瞄《蒙娜丽莎》神秘的笑容；最后，他们还被梵高的《星月

夜》卷进了一场星空狂欢派对。

呼啦呼啦，这些名画们，跟着"七彩时光画卷"一起回到了艺术之国的心脏——灵感之心。这里就像一个大大的魔法池塘，每幅画的灵魂和那些超级酷的想法像小蝌蚪一样，"扑通扑通"跳进去，瞬间搅得灵感池塘浪花四溅，热闹得不得了。

就在这个时候，"灵感之心"的封印瞬间解除了。它像被按下了启动按钮，一下子从沉睡中醒过来，像点亮了整个银河系的超级大灯泡。

彩梦国王突然出现，他笑眯眯地对李东东竖起大拇指："李东东，你太棒啦。你是真正的英雄，帮我们把沉睡的灵感之心唤醒了。谢谢你！"彩梦国王从口袋里掏出一把金光闪闪的钥匙，递给李东东："这是艺术国的智慧钥匙，有了它，你就可以去救陈西西啦。加油，小英雄。"

# 小丹叔叔互动时间

1."恐龙乐园"大冒险：想象一下，如果你有一支魔法画笔，你可以在"通义万相"里画出任何你喜欢的恐龙。是一只巨大的雷龙，还是一只敏捷的迅猛龙？用你的想象力，让这只恐龙在你的画布上栩栩如生，给它一个酷炫的家园，或者让它成为一场冒险故事的主角吧！

2."名画小达人"挑战赛：看到李东东模仿复制的这些世界名画，是不是让你感到好奇和惊叹？现在，你有机会成为"名画小达人"！用 AI 绘画工具，试着复制一幅你最喜欢的名画，或者加入你的创意，让经典画作焕发新的光彩！

3."卡通王国"角色创造：每个小朋友都有自己的卡通英雄梦。利用 AI 绘画工具，为自己设计一个独一无二的卡通头像。可以是一个勇敢的战士，一个聪明的侦探，或者一个拥有魔法的精灵。发挥你的想象力，创造出最酷的自己吧！

## 第九章

拥抱AI的未来：李东东的玩转AI攻略

历经重重挑战，李东东终于成功集齐了数学、语文、英语和艺术国的四把智慧钥匙。他手持四把闪耀着智慧之光的钥匙，怀着激动的心情踏入了那个色彩斑斓、充满奇幻的异次元世界。

终于，在一片幽光之中，李东东发现了被困在巨大水晶球里的陈西西。陈西西虽然看起来虚弱，但眼中却闪烁着希望之光。这一刻，李东东心中燃起了无比坚定的火焰，他知道自己离胜利只有一步之遥，所有的勇敢和智慧都将化为解救姐姐的力量。

"西西，别怕，我来救你了。"李东东高喊着，手中的四把钥匙闪烁着希望的光芒。他迅速地找到对应的锁孔，一把接一把地插入钥匙，每个动作都充满了力量。

就在他插入最后一把钥匙的瞬间，水晶球突然爆发出一阵强烈的光芒，整个空间都开始震动起来。李东东被这突如其来的变故吓了一跳，但他没有放弃，继续努力地转动最后一把钥匙。

咔嚓一声，水晶球裂开了，但里面并没有陈西西的身影。取而代之的是一张纸条，上面写着："东东，当你看到这张纸条的时候。我……其实一点事儿都没有……"

李东东愣住了。这时，身后传来了熟悉的笑声。他转过身，只见陈西西正站在他身后，笑容满面，完全没有了水晶球中那样虚弱。

"西西，你……你没事？"李东东有些不知所措，又有一丝困惑。

陈西西走过来，拍了拍李东东的肩膀："当然没事，这一切都是我设计的。我知道你一直想学习 AI，但是又没有真正开始的勇气，所以我才想了这个办法来激励你。现在看来，效果不错嘛！"

"陈西西！你可真会捉弄人，"李东东摸摸脑袋，假装生气地说，"你消失的那一刻，我都快吓死啦！不过说真的，要不是你这一闹，我可能永远只会在书本上跟 AI 打交道，哪能像现在这样，把它当好朋友，和它一起解决问题呢！"

陈西西笑眯眯地拍了拍李东东的背，就像在安慰一只受惊的小鸟："你看，你现在不就成了 AI 小专家，碰到难题也能瞬间找出办法，这

就是我想让你体验的神奇探险。"

李东东回想起来,那段奇妙的旅程简直太精彩了。从数学国的逻辑难题解答到语文国的文字密码破解,再到英语国的语言交流和艺术国的灵感创造,他发现,正是在 AI 的帮助下,自己克服了一个个看似无法逾越的障碍,用勇气和想象力征服了五彩斑斓的世界!

看到东东愣神的样子,陈西西笑得像春天的阳光,一边笑一边说:"东东,生活就像一场大冒险,有时候会遇到困难,有时候又充满惊喜。但记住,只要勇敢面对,坚持学习,就能找到宝藏!走吧,我们回家吧!"

于是,李东东和陈西西牵起手,对着云小淘喊道:"云小淘,快打开那扇回家的大门吧!"门一开,一座彩虹桥出现了。桥上,他们破解的文字密码、打败的数字怪兽、学习的英文单词和创作的艺术作品汇成了一条闪亮的时光河,载着他们飞回到了现实。

回到家中,李东东还沉浸在那段冒险中,陈西西猝不及防地用手肘戳了戳他的腰窝,调侃道:"小迷糊,还没从你的异次元旅行里醒过来呢?赶紧给我细讲一下你在那些神奇国度里,是怎么用 AI 来克服困难的?"

李东东顿时来了精神,向陈西西娓娓道来……

## 语文篇

首先，AI 的使用方法快捷！我只需要打字或者持续点击"按住说话"，就可以和 AI 小助手交流了。我说出自己的问题或需求，AI 小助手会给出相应的答案，就像有一个私人助手在身边。

李东东热情地分享道："对于低年级的同学来说，有时候可能会觉得组词造句、理解成语有点难度。不过，有了 AI 小助手的帮助，这些任务就变得轻松多了。"

他继续解释："比如，当我们学习了一个新的词语，可以让 AI 小助手帮忙造句，它能迅速列出一些相关的句子。AI 小助手还能帮我们列举同义词、反义词，还有各种搭配用法，就像变魔术一样。这样，我们就能够快速积累写作词汇，提高写作水平。"

> 我是一个小学生，能不能用开心帮我造句？希望句子要特别有趣一些。

好的，以下是一些有趣的用"开心"造句的句子，特别适合小学生：

1. 今天老师表扬了我，我开心得像一只猴子，上蹿下跳的。
2. 妈妈给我买了冰淇淋，我开心地跳了起来，就像弹簧一样！
3. 我和朋友们在操场上玩耍，开心的笑声传遍了整个校园。
4. 这次考试我考了满分，开心的心情就像放飞的小鸟一样。
5. 看了一场有趣的电影，我开心得合不拢嘴，一直笑个不停。
6. 周末去公园玩，我看到了好多漂亮的花朵，开心得像蜜蜂采到了花蜜。
7. 我学会了骑自行车，开心地在小区里转了一圈又一圈。
8. 吃了一碗美味的拉面，我的心里开心极了，仿佛拥有了全世界。
9. 和小伙伴们一起做游戏，让我开心得忘记了时间。
10. 收到生日礼物的那一刻，我开心得像个孩子，又蹦又跳。

希望这些句子能让你开心！如果你还有其他需求，欢迎继续向我提问。

↓

按住说话

"再来说说成语吧，"李东东挠了挠头，笑眯眯地说，"那可是中华文化的瑰宝，但有的成语晦涩难懂。有了 AI 小助手，我们就有了一个随身的成语小词典，只要你一问，AI 小助手不仅能告诉你成语的意思，还会讲出它的来源，甚至给出一些生动的例子，帮助我们更好地理解和记忆这些成语。让我们在阅读或者写作时，合理运用成语使语言更丰富多彩。"

给我讲几个有趣的成语吧。

好的，以下是一些有趣的成语：

- **叶公好龙**：叶公喜欢龙，衣带钩、酒器上都刻着龙，居室里雕镂装饰的也是龙。他这样爱龙，被天上的真龙知道后，便从天上下降到叶公家里，龙头搭在窗台上探望，龙尾伸到了厅堂里。叶公一看是真龙，吓得转身就跑，好像掉了魂似的。这个成语比喻口头上说喜欢某东西，实际上并不是真的喜欢。
- **对牛弹琴**：有个弹琴能手叫公明仪，他对牛弹奏一首名叫《清角》的琴曲，牛低着头吃草，就好像没听见任何声音一样。不是牛没有听见，是这美妙的曲子不适合牛的耳朵而已。这个成语比喻对不懂事理的人讲道理或言事，常含有徒劳无功或讥刺对方愚蠢之意。
- **画饼充饥**：曹操的士兵们口渴得直发慌，于是曹操想出了一个办法：他对士兵们说："前面有一大片梅林，结了许多梅子，又甜又酸，可以用来解渴。"士兵们听了，口水都流出来了。他们凭借着这个信念，终于到达了前方有水源的地方。这个成语用来比喻用空想来安慰自己或他人。
- **掩耳盗铃**：有个人想偷一口钟。他知道钟一响，人家就会发觉，于是他想出了一个办法：他把自己的耳朵掩起来，以为自己听不见，别人也就听不见了。结果可想而知，他被人当场捉住。这个成语比喻自己欺骗自己，明明掩盖不住的事情偏偏想法子掩盖。
- **井底之蛙**：一只住在井底的青蛙，认为天只有井口那么大。有一天，它遇到了一只来自大海的海龟，海龟告诉它外面的世界有多么广阔。这个成语用来形容那些眼界狭窄、见识短浅的人。

这些成语都有其独特的寓意和故事，希望能给你带来乐趣！如果你对某个成语特别感兴趣，我可以为你详细讲解其故事和含义。

李东东嘴角扬起一抹狡黠的笑容，自信满满地说："说到写作文，那可是 AI 小助手的拿手好戏！我在异次元冒险中写的那篇论文，多亏 AI 小助手给我出谋划策呢，它简直就是使我文思泉涌的得力助手，帮我解决了很多写作上的难题。"

举个例子，比如以"我的家乡"为题写一篇作文，只要你把题目告诉 AI 小助手，它就能给出很多很好的建议。

> 我是一个五年级的小学生，老师今天布置了一篇作文，叫《我的家乡》，我不知道该怎么写。

别担心，写《我的家乡》这样的作文是很有趣的！以下是一些步骤和提示，帮助你完成这篇作文：

1. **思考你的家乡**：闭上眼睛，想一想你家乡的样子。有没有特别的地方、风景、人物或事物让你印象深刻？把这些想法写下来。
2. **介绍家乡的位置**：在作文的开头，简单介绍一下你家乡在哪里。比如，你可以说："我的家乡是[家乡名称]，它位于[家乡所在的地区或国家]。"
3. **描述家乡的外观**：接下来，描述一下家乡的样子。你可以写家乡的自然景色，如山脉、河流、湖泊、森林等，或者是城市的街道、建筑、公园等。例如："家乡有大片的绿色草地，上面开着各种颜色的花朵。"
4. **提及家乡的特别之处**：想想家乡有什么独特的地方，比如著名的景点、特殊的风俗习惯、美味的食物等。例如："我的家乡以[家乡的特色美食]而闻名，每次闻到那种味道，我都会感到很开心。"
5. **讲述你在家乡的经历**：写一写你在家乡的生活，比如和朋友一起玩耍、参加传统活动、或者与家人共度的美好时光。比如："我喜欢和朋友们在公园里玩耍，那里有我们的欢声笑语。"
6. **表达对家乡的感情**：在结尾部分，说出你对家乡的喜爱之情。你可以这样写："我爱我的家乡，它是我成长的地方，我永远都会珍惜。"
7. **使用简单的语言**：作为三年级的小学生，尽量使用简单易懂的词语和句子来表达自己的想法。不要担心语法错误，重要的是把你的感受写出来。
8. **画画或拍照辅助**：如果可能的话，你可以画一幅家乡的画或者拍一些家乡的照片，这样在写作文时可以看着它们获取灵感。
9. **向家人寻求帮助**：和家人分享你的想法，他们可能会给你一些好的建议和描述。
10. **多读多写**：平时多读一些优秀的作文，学习别人的写作方法，也可以多写一些小短文，提高自己的写作能力。

记住，写作文是一个表达自己的过程，尽情发挥你的想象力，把你对家乡的热爱和感受都写出来吧！如果还有其他问题，随时都可以问我哦，我会一直支持你的！

李东东继续说道："在整理好作文的框架后，你还可以要求 AI 小助手给出一些具体的例子。比如，帮助我描述家乡的美景。"

> 你能给我一些具体的例子来帮助我更好地理解如何描述家乡的美景吗？

当然可以！以下是一些具体的例子，帮助你描述家乡的美景：

1. 家乡有一座高山，山上长满了郁郁葱葱的树木，山脚下是一条清澈见底的小溪。
2. 我的家乡有一片广阔的田野，每当春天到来，田野里就开满了五颜六色的花朵，美不胜收。
3. 家乡的湖泊如同一面镜子，倒映着蓝天白云，湖水清澈透明，鱼儿在水中自由自在地游弋。
4. 家乡的夜景非常美丽，星星点点的灯光照亮了整个城市，让人感到宁静而温馨。
5. 家乡有一条古老的街道，两旁是古色古香的建筑，走在街上仿佛回到了过去的时光。
6. 每到秋天，家乡的枫叶变得火红火红的，落叶在风中飘舞，构成了一幅美丽的画卷。
7. 家乡的海滩沙质细腻，海水碧蓝，阳光洒在海面上，波光粼粼，令人陶醉。
8. 家乡的公园里有各种各样的花卉和树木，还有一个美丽的喷泉，是人们休闲散步的好去处。
9. 家乡的农村风光旖旎，有一片片金黄色的稻田和绿油油的菜地，还有许多可爱的家畜。
10. 家乡的自然保护区里有珍稀的动植物，那里的空气清新，是亲近大自然的好地方。

你可以根据自己家乡的实际情况，选择其中一些例子来描述家乡的美景。记得用生动的语言和形象的描述，让读者能够感受到你家乡的美丽。如果你还需要更多的帮助或者有其他问题，随时都可以问我哦。

"或者，你脑海里面有一个关于家乡美景的记忆，你可以请教 AI 小助手，让它教你如何表述。"

> 嗯嗯，我想起来了，我的家乡小河的水很清澈，能看到底。河边有很多柳树，我喜欢在那里抓鱼

太好了！你对家乡的小河有很清晰的记忆。以下是一些描述家乡小河的句子，你可以把它们融入到你的作文中：

1. 我家乡的小河河水清澈透明，就像一面镜子，能够清晰地倒映出蓝天白云的影子。
2. 小河的水清澈见底，河底的石头和水草都清晰可见，仿佛是一个水下的童话世界。
3. 沿着小河岸边，一排排翠绿的柳树随风摇曳，它们的枝条就像少女的长发一样飘逸。
4. 我喜欢在河边的柳树下抓鱼，河水清凉宜人，小鱼儿在水中欢快地游来游去。
5. 每当阳光洒在河面上，闪闪发光的水波让我陶醉，仿佛置身于梦幻之中。
6. 家乡的小河是我快乐的源泉，我在那里度过了许多美好的时光。
7. 河水潺潺流淌，发出清脆的声音，就像大自然为我演奏的美妙乐曲。
8. 小河的水如此清澈，以至于我可以看到鱼儿在水中嬉戏，它们是我最好的玩伴。
9. 河边的柳树是我的朋友，它们为我遮挡阳光，给我带来一丝清凉。
10. 我爱我家乡的小河，它是我心中最美丽的地方。

希望这些描述能帮助你写出一篇精彩的《我的家乡》作文！如果你还有其他问题或者需要更多的帮助，随时告诉我。加油！

李东东边说边比画，仿佛已经沉浸在写作中："当你写完了家乡的美景，不知道接下来该怎么写，你也可以直接请教 AI 小助手。"

> 在写了我家乡的美景之后，接下来我还可以怎么写我的家乡呢？

在描述了家乡的美景之后，你还可以从以下几个方面来写你的家乡：

1. **家乡的人们**：介绍一下家乡的居民，他们的性格、生活方式以及与你的关系。可以写一些关于你与邻居、朋友或家人之间的温馨故事。
2. **家乡的文化和传统**：讲述家乡独特的文化、传统节日、习俗或手工艺品。你可以描述参加传统活动的经历，或者介绍一些家乡特色的文化产物。
3. **家乡的变化**：谈谈家乡近年来的发展和变化。可以提到一些新的建筑、道路或公共设施的改善，以及这些变化对家人生活的影响。
4. **你对家乡的情感**：表达你对家乡的喜爱、眷恋或感恩之情。分享一些你在家乡的美好回忆，或者描述一下家乡对你成长的重要性。
5. **家乡的未来**：畅想一下家乡的未来，你希望看到哪些变化和发展。可以提出一些自己的期望和梦想，为家乡的未来献上祝福。
6. **结尾总结**：用一个简短的段落来总结你对家乡的感受，再次强调家乡的独特之处和你对它的热爱。

例如，你可以这样写：

除了美丽的自然风光，我的家乡还有着热情好客的人们。他们勤劳善良，总是以微笑和温暖迎接每一个人。家乡的文化传统也让我感到自豪，每逢传统节日，我们都会举行盛大的庆祝活动，这些活动充满了欢乐和团圆的氛围。家乡在不断发展变化，我希望它能越来越好，成为一个更加美丽和繁荣的地方。我爱我的家乡，无论走到哪里，它永远是我心中的牵挂。

这样的描述可以使你的作文更加丰富多彩，全面地展现家乡的魅力。当然，根据你的个人经历和感受，你可以选择其中的几个方面进行详细描述，突出你认为最重要的特点。如果还有其他问题或需要更多帮助，随时告诉我。

李东东笑容满面，双手轻轻一拍，继续分享他的新发现："对了，AI 小助手在帮助我们学习诗词或者文言文方面，那可是个实实在在的'大神'！"

他清了清嗓子，语气中充满了赞叹："你们是不是经常被那些拗口的古文搞得晕头转向？没关系，只要把难懂的句子输入 AI 小助手，它立马就能给出通俗易懂的现代汉语翻译。比如，输入《论语》里的

'学而时习之，不亦说乎'，AI 小助手会告诉你，这句话意思是'学习并时常温习，难道不是一件令人愉悦的事吗？'深奥的文言文一下就变得通俗易懂。"

"AI 小助手还能帮我们解析文言文的语法结构和修辞手法，像借代、互文、对偶这些修辞技巧，以前可能觉得晦涩难懂，但 AI 小助手，就像老师，手把手教你剖析句子。比如，输入诗句'青青园中葵，朝露待日晞'，AI 小助手就会告诉你，这是运用了拟人手法，将朝露等待阳光照耀的状态生动描绘出来。"

李东东越说越激动："而且，你知道吗？AI 小助手能够关联历史背景、人物典故、文化习俗等丰富的信息，让我们在学习文言文的同时，深入了解古代社会风貌和人文精神。比如，读《江南逢李龟年》时，AI 小助手能解释文中涉及的历史事件和人物关系，让我们在领略文言文魅力的同时汲取历史知识。"

> 今天老师教了我们一首新诗，叫《江南逢李龟年》，请问李龟年是谁啊？

李龟年是唐朝时期一位著名的音乐家，他擅长唱歌和演奏多种乐器，特别是筚篥和羯鼓，他的音乐才华备受推崇，与王维、李白等诗人都有过交往。

在唐玄宗时期，李龟年的声名远扬，经常在贵族宫廷中演奏。然而，随着安史之乱的爆发，唐朝社会陷入动荡，李龟年的命运也发生了改变。他流落到江南地区，以卖艺为生。

《江南逢李龟年》这首诗是杜甫在江南偶遇李龟年时所作。诗中表达了对过去美好时光的怀念，以及对世事变迁的感慨。这首诗也反映了杜甫对李龟年这位音乐家的敬仰和对他命运的同情。

如果你对李龟年或这首诗还有其他问题，欢迎继续提问。或者你还想了解其他诗人或诗歌，我也很乐意为你提供帮助。

> 我：我还有一位喜欢的唐朝诗人叫李白，李白和杜甫认识吗？

李白和杜甫是认识的，他们是中国唐代著名的两位诗人，并且彼此之间有着深厚的友谊。

李白和杜甫曾经有过多次交往和诗歌交流。他们相互欣赏对方的才华，互相赠诗，并且在一些时候一起游历山水，畅谈诗歌理想。尽管他们的风格和性格有所不同，但他们共同对诗歌的热爱和追求使他们成为了好友。

李白的诗歌风格豪放奔放，富有浪漫主义色彩；而杜甫的诗歌则更加写实，关注社会现实和人民疾苦。他们的诗歌作品各具特色，但都对唐代诗歌的发展产生了重要影响。

李白和杜甫的交往被后人称为"李杜之交"，成为了中国文学史上的一段佳话。他们的友谊也展示了唐代诗人之间相互切磋、相互影响的文化氛围。

陈西西看着李东东满脸兴奋的模样，觉得李东东既好笑又可爱，她微笑着打趣道："好了好了，我们的小作家，我已经充分见识到 AI 小助手在语文学习方面的神通广大了。要不换个话题，给我们讲讲数学方面，AI 小助手又是如何帮助你的吧。"

## 数学篇

李东东紧接着陈西西的话，兴奋地开始了关于 AI 小助手如何助力数学学习的话题。

他深有感触地说："你知道吗，AI 小助手可以给你讲数学题，只要把题目输入进去，它就能快速分析题目的条件和问题，一步步引导你理清解题思路，就像有位老师在旁边耐心指导，帮你把复杂问题拆解成一个个简单步骤，让你明白该如何解答。"

李东东绘声绘色地描述："比如，行程问题，'两地相隔 200 公里，两辆车从两地相对开出，甲车每小时行 60 公里，乙车每小时行 40 公里，几小时后两车相遇？'我自己琢磨可能得半天。但交给 AI，它会列出方程式，一步一步教你算出相遇时间并对结果进行解释。让你不仅知道答案，还理解了背后的数学原理。"

> 两地相隔 200 公里，两辆车从两地相对开出，甲车每小时行 60 公里，乙车每小时行 40 公里，几小时后两车相遇？解释清楚为什么这么做？

这是一道典型的相遇问题，可以用速度、时间和距离之间的基本关系来解决。要找出两车相遇所需的时间，我们需要确定它们各自行驶的距离以及这些距离何时相加等于两车之间的初始距离（即 200 公里）。已给条件如下：

- 两地相隔距离：D = 200 公里
- 甲车速度：v_{甲} = 60 公里/小时
- 乙车速度：v_{乙} = 40 公里/小时

由于两车相对而行，它们的相对速度（即两者速度之和）是它们各自速度的简单相加：

- 相对速度：v_{相对} = v_{甲} + v_{乙} = 60 公里/小时 + 40 公里/小时 = 100 公里/小时

这意味着两车以相对速度 100 公里/小时靠近彼此。要相遇，两车需要共同行驶的距离等于它们开始时相隔的 200 公里。因此，相遇所需的时间（T）可以通过下面的公式计算：

$$T = \frac{D}{v_{相对}} = \frac{200公里}{100公里/小时}$$

现在我们计算具体的时间：

$$T = \frac{200}{100} = 2 小时$$

答案：两车将在 2 小时后相遇。

**解释为什么这么做：**

1. **确定相对速度**：在这个问题中，因为两车朝着对方的方向行驶，所以它们的相对运动是相向而行，即它们的速度相加。这是因为在相同的时间内，甲车行驶了一段距离，乙车也行驶了一段距离，这两段距离共同构成了两车之间的总接近距离。计算相对速度是为了找到它们"合起来"每小时接近多少公里。
2. **利用速度与时间的关系求遇时间**：速度定义为单位时间内行进的距离，所以时间可以表示为距离除以速度。对于这个问题，我们已经知道了两车的相对速度（它们"合起来"每小时接近的距离），以及它们需要共同接近的总距离（即初始的 200 公里）。将总距离除以相对速度，就得到两车相遇所需的时间。

通过上述计算，我们得出两车以相对速度 100 公里/小时行驶，因此需要共同行驶 2 小时才能行驶完 200 公里的距离，从而实现相遇。这就是为什么采用这种计算方法来解答此题的原因。

李东东兴致勃勃地接着说："最重要的是，AI 不仅能帮我们解决具体数学问题，它还能举一反三，根据已经解决的题目类型，生成相似但又有一定变化的练习题。这样，我们就能边学边练，彻底吃透这类数学问题，再也不用担心听不懂或不会做啦！"

> 再给我出三道类似的题目，让我练习一下吧，好不好？

当然可以，以下是另外三道与相遇问题类似的题目供您练习：

**题目五：**
甲、乙两艘船同时从同一港口出发，沿相反方向航行。甲船以每小时 25 海里的速度向东航行，乙船以每小时 15 海里的速度向西航行，请问经过多少小时两船相距 300 海里？

**题目六：**
小明和小红分别从家出发，骑自行车前往公园，两家距离公园均为 2400 米，小明骑车速度为 150 米/分钟，小红骑车速度为 120 米/分钟，两人同时出发，几分钟后两人在途中相遇？

**题目七：**
A、B 两列火车分别从相距 480 千米的甲、乙两站同时出发，相向而行。A 车的速度为 100 千米/小时，B 车的速度为 80 千米/小时，两车相遇后，A 车比 B 车多行驶了多少千米？

请您继续尝试解答以上题目，如果需要解答或有任何疑问，随时告诉我。祝您练习顺利！

"数学学习其实并不总是枯燥乏味的，有时候它也是超级好玩、超级有趣的。就像我在奇妙的数学国探险时遇到的'蒙提霍尔'挑战，也就是最后选择数学智慧钥匙的挑战一样，AI 小助手都能和你一起面对那些既经典又充满智慧的数学问题呢！"

陈西西凝神倾听着李东东的讲述，脸上浮现出一抹赞赏与惊喜交织的表情，打趣道："哇，好了好了，我的'数学小博士'，听你这么一讲，我都忍不住想立刻加入你的数学探险队了呢！既然你已经分享了这么多关于数学的故事，那能不能再给我们讲讲，你是如何让 AI 小助手帮你学习英语的呢？我想，一定也有不少有趣的经历吧？"

## 英语篇

李东东挺直腰板，热情洋溢地开始介绍起自己如何借助 AI 小助手提升英语能力。

"说到学习英语，我发现 AI 最大的亮点就是能帮我练习口语。现在好多小伙伴学了很多英语知识，却成了'哑巴英语'，只会读写却不会说。我自己以前也是这样，虽然学了不少单词和语法，但真要开口讲英语，却总感觉舌头打结，说不出口。不过，自从有了 AI 小助手的陪伴，我的英语口语进步可大了！"

他边说边比画，显得格外兴奋："首先，AI 可以模拟真实的对话场景。无论我想练习日常对话、还是学校演讲，它都能提供相应的角色扮演模式，就像有个随时随地陪我聊天的外国朋友，让我在轻松自然的氛围中大胆开口说英语，不怕犯错，也不怕没话题。"

他边说边模仿自己平时与 AI 对话的情景："比如，我有时候在描述某个场景或者表达某个观点时，可能会用错词汇，或者语序不太恰当。这时，AI 小助手就像一位耐心的私人导师，它不仅能立即识别出我的错误，还会用清晰易懂的语言帮我总结问题所在，并给出正确的表达方式。就像上次，我在表达'谢谢你的鼓励'时，顺口就说成了'thank you for your encourage'。AI 立刻敏锐地指出错误，并提醒我：'我们应该说 thank you for encouragement，这里的encouragement 是名词形式，是鼓励的意思。'"

Hi, let's practice English now.

Hey, great idea! Let's get started. So, what kind of topics do you want to talk about? Like maybe ordering food at a restaurant, or asking for directions on the street. Or maybe we can talk about some social news. What do you think?

I would like to talk about how the Chinese student learn English.

That's a great topic! Well, Chinese students usually learn English through various ways. They have English classes at school, where they learn grammar, vocabulary, and pronunciation. They also do a lot of reading, writing, and listening exercises. Some students like to watch English movies, listen to English songs, or read English books to improve their language skills. And of course, there are many English language learning apps and websites these days, which can be very helpful. Do you learn English in the same way?

Yeah, but I think the Chinese student usually poor at speaking English.

Hey there! Well, not all Chinese students are poor at speaking English. It's just that some might need a little more practice and confidence to speak fluently. But don't worry, with enough practice and motivation, anyone can improve their English speaking skills. So, let's work together to boost your English speaking abilities and show those doubts who's boss! How about that?

Thank you for your encourage.

You're welcome, my friend! But there's a small mistake. It should be "Thank you for your encouragement." Remember to use the correct spelling! So, what else can I do to help you with your English learning? Do you want ↓ practice ordering food in a restaurant or asking for directions on the street? Let's have some fun!

按住说话

李东东兴奋地补充道："对了，西西，你可能想不到，我还可以用中文向 AI 小助手请教更地道的英语表达方式呢！比如刚才提到的那句'谢谢你的鼓励'，我知道'thank you for your encouragement'是一

种表达方式，但我还想了解有没有其他更地道的说法。于是，我就直接用中文问 AI 小助手："除了 thank you for your encouragement，还能怎么说？"

李东东绘声绘色地模仿当时的对话情景："AI 小助手立刻就回复我，说：'除了 thank you for your encouragement，你还可以说 I really appreciate your encouragement，这句话中，really appreciate 表达了你对他人鼓励的深深感谢之情，听起来更为真诚、具体。'"

李东东继续分享："你看，就是这样简单的一问一答，我就学到了一个更地道的英语表达方式。久而久之，我的英语口语不仅更准确，表达方式也更加丰富了。"

李东东的分享欲望愈发高涨。他迫不及待地揭示了下一个令人惊叹的功能："还有，你绝对想象不到，这个 AI 还有个超级酷炫的功能——角色扮演。对，就像我们在游戏中或者戏剧里那样，我们可以让它扮演任何我们想对话的角色，然后展开一场'现场'对话。"

"比如，你是不是有时候担心出国旅游时，在餐厅点餐会遇到'哑巴英语'的尴尬？这可是不少人在海外用餐时的一大痛点呢！现在，这个问题迎刃而解了。"

他边说边比画："这时，只需让 AI 化身为一名专业的服务员，一切就变得简单了。你只需对 AI 说："现在，请你扮演一家高级餐厅的服务员。'接下来，你们就可以开始一场全英文的点餐对话了。你可以询问特色菜品以及其他所有可能在真实场景中遇到的问题，这些都可以在这个虚拟的'餐厅'里得到解答。"

李东东继续滔滔不绝地分享道："哎呀！你可能不知道，有时候我想要通过听英语故事来提高听力水平，AI 小助手也能轻松帮我实现。你只需要简单地告诉它你的需求，它就能立刻为你播放你想听的英语故事。就像这样——你说：'Can you tell me an English story about the Snow White?'（你能给我讲讲《白雪公主》的故事吗？）"

> Can you tell me an English story about the Snow White?

Once upon a time, there was a little princess named Snow White. She had the most beautiful skin, as white as snow, and the most beautiful hair, as black as ebony. Her stepmother was very jealous of her beauty and wanted to kill her. So, she sent a huntsman to kill Snow White. But the huntsman had a kind heart and let Snow White go. Snow White ran away and found a little house in the forest. There were seven little dwarfs living in the house. They were very kind to Snow White and let her stay with them. But the stepmother found out that Snow White was still alive and came up with a new plan to kill her. Will Snow White be able to escape the stepmother's trap? Well, that's for you to find out! Haha!

李东东满脸自豪地总结道："你看，有了 AI 这位全能的英语口语老师，我已经从那个不敢开口的'哑巴'学生，变成了一个自信满满的英语小达人。"

陈西西被李东东眼中闪烁的热忱打动，她带着打趣的口吻回应道："哎呀，李东东，你这一番介绍，我都差点以为你是英语大师了呢！最后，能不能也给我们讲讲 AI 小助手在艺术方面带给你的启发或者帮助呢？"

## 艺术想象力篇

李东东兴奋地说道："我一直幻想着拥有一支具有魔力的画笔，只要我向它描述我头脑中的构思与想象，它就能瞬间将这些想法转化为栩栩如生的画面。如今，AI 技术已经帮我将这个梦想变成了现实，你说酷不酷？"

他顿了顿，接着说："AI 绘画的核心就在于如何运用提示词或者说'咒语'来精准传达自己的创作意图。用一些特别的提示词，就能告诉 AI 小助手我们心里的图画。这些词汇就像'咒语'，电脑一'听'就明白，哗啦一下，就把我们的想法变成一幅好看的画。"

"猜猜看，有了 AI 这个神奇小伙伴，有创意的小朋友们还能干啥？举个例子，我们班的陈小莹同学，长大了想当一个服装设计师，脑子里全是漂亮衣服的点子。现在，AI 就可以帮她把这些梦里的衣服'变'出来。

陈小莹想要给小朋友们做夏天的漂亮衣服。以前，这要画好久好久。但现在，她只要跟 AI 小助手说：'我要一件漂亮的上衣，像薰衣草一样的颜色，领子要有梦幻的蕾丝边，再配一条飘飘的裙子。'AI

小助手马上就像变魔术一样，给出好多可供选择的款式。

　　这样一来，设计衣服变得像玩游戏，又快又好玩。陈小莹还能挑一挑、改一改，直到衣服变成她心目中最完美的样子。AI 小助手就像她的超级助手，帮她把想象中的衣服带到真实世界里。是不是很酷？"

　　李东东笑得眼睛弯弯，好像心里装满了彩色的气球。

　　他手在空中画着大大的圈接着讲："不只这样，爱写故事的小朋友也有了秘密武器。如果你有好多好的故事点子，但不知道怎么串起来，此时，AI 就像是故事拼图大师，帮你一块块拼好，把你的点子变

成精彩的故事。写故事，再也不难啦！"

李东东假装在桌上弹起了钢琴："还有爱唱歌的小朋友，如果心里有好多好听的旋律，可是却不会写谱子怎么办？AI音乐小精灵来帮忙！告诉它你喜欢什么风格，是快乐的歌还是温柔的摇篮曲，甚至对着它哼一哼，它就能帮你制做出一首真正的歌，还能加上各种乐器的声音，就像是你的私人乐队一样。"

他眨眨眼，满脸都是对未来的期待："不管是画画、写故事，还是做音乐，AI就像个超级全能的老师，帮小朋友们跨过难走的路，直接跑到创造的乐园里。艺术梦不再那么遥远，哪怕天上的星星，一伸手就能帮你碰到。"

## 小丹叔叔互动时间

1.AI小帮手挑战：你在学习语文、数学、英语、科学或者任何你感兴趣的科目时，有没有遇到过什么难题呢？现在，是时候请出你的AI小帮手了！选一个你在学习中遇到的问题，看看聪明的AI小帮手能不能帮你解决它。

2.AI大猜想：你们有没有想过，AI现在已经这么聪明了，你觉得它会取代人类的位置吗？开动你的小脑筋，想一想这个问题。

## 如何正确拥抱AI时代？

陈西西看着李东东，满满的骄傲和开心都快要溢出来了！她有个这么棒的弟弟，对科技超级感兴趣，像个小侦探一样喜欢探索知识。不过，陈西西想到了一个问题："东东，AI这么厉害，会不会有一天，它们代替我们人类，把所有的事都做了？"

李东东一听，刚才兴奋的小脸蛋稍微安静下来，看来这个问题他早就想过了。他认真地回答："西西，这个问题确实要好好琢磨一下。AI确实超级能干，能处理好多数据，算数又快又准，学东西比翻书还快。但是，我觉得它们现在和以后都不可能完全替代咱们人类的。"

李东东清了清嗓子，开始讲他的理由："首先，AI虽然聪明，但它们不会像咱们人类那样创新。创新就是要打破旧想法，探索新世界，还要对复杂的事情想得很深。这些，现在的AI还做不到。另外，人类

的感情就像一个五彩缤纷的大魔方，有喜怒哀乐，还有道德感、价值观、人生经验等复杂的因素。AI 虽然能模仿人类的一点点感情，但真正理解咱们的感受，跟咱们一起哭一起笑，那还是差得远呢！"

李东东眨眨眼："再说了，人类社会就像一个大家庭，大家要一起聊天、一起合作解决问题。AI 能帮咱们更快地传递消息，但建立友谊、解决矛盾、让大家团结在一起，这些可都是咱们人类的特长。特别是在学校、医院这些地方，老师、医生们的爱心、专业知识和共情的能力，AI 再怎么厉害也替代不了。"

李东东说得头头是道："所以呀，AI 肯定会越来越重要，有些事情它们做得可能比我们还好，但这不代表它们能把咱们替换掉。它们是咱们的好帮手，能帮咱们解决问题，让工作更快更好，还能帮我们掌握新知识。我们要和 AI 友好相处，发挥各自优势，一起让世界变得更好。"

李东东的话让陈西西放心多了，她望向远方，眼神里充满了对未来的期待。她看看身边的李东东，那张小脸蛋聪明又好奇，对未知世界充满了探索的热情。陈西西心里暖暖的，觉得有东东这样勇敢又好学的弟弟，世界一定会充满惊喜和希望。

"东东，你让我看见了一个超酷的未来，那里有科技和人类智慧一起织成的美丽画卷。AI，这个以前只在故事书里出现的朋友，现在真的来到我们生活中，帮我们解决那些难到想哭的问题，还激励我们去创新。它是我们的好搭档，也是我们一起探索未知、追求最好的伙伴。

　　不过，就像你说的，无论 AI 多能干，也比不上我们人类的情感、创新和对人的关爱。我们不应该想着谁替代谁，而应该像好伙伴一样，

一起面对挑战，一起抓住机会，用科技的力量让世界变得更好，同时也要记住我们做人的道理，追寻人与人之间的善良和美好。"陈西西温柔地说道。

陈西西和李东东的眼神交汇，对未来充满了信心和向往。

这是故事的结尾，但也是他们新冒险的开始。在这个不停变化的世界里，他们会带着好奇心、求知欲和对美好的向往，和 AI 一起并肩前行，共同描绘属于他们也属于我们的精彩故事。

而这，就是我们对未来的最好回答。

AI相关的各种名词解释

各位小探索者们，在 AI 的这个魔法世界里面，有很多的新词语。它们就像我们魔法的咒语，只有当你了解了它们的含义之后，你才能更好地探索这个魔法世界。下面，就让我们一起来学习这些 AI 相关的概念吧！

1.AI

AI 是 Artificial Intelligence 的缩写，意思是人工智能。人工智能就像是一个很聪明的小机器人，可以像人类一样学习、思考和解决问题。它能通过大量的数据和算法来学习，变得越来越聪明，可以帮助我们把生活变得更方便、更有趣哦！

比如说，小朋友们玩的智能玩具，或者爸爸妈妈手机里的语音助

手，都有人工智能的帮助。它可以回答我们的问题，提供各种信息，还能和我们一起玩游戏呢！

AGI 是 Artificial General Intelligence 的缩写，意思是人工通用智能。它就像是一个非常聪明的超级大脑，可以像人类一样学习、思考和解决各种各样的问题。AGI 不像其他的人工智能只能做一件事情，它可以做很多不同的事情，就像我们人类一样有很多不同的能力。

想象一下，有一个像 AGI 这样的超级大脑，它可以帮助我们更好地理解世界，解决各种难题，甚至可以和我们一起玩耍。虽然我们现在还没有真正实现 AGI，但科学家们正在努力研究，希望有一天能够创造出这样聪明的人工智能。

AR 是 Augmented Reality 的缩写，意思是增强现实。它就像一个神奇的魔法，能让我们看到的现实世界变得更加有趣和好玩。

比如说，我们可以通过手机或平板电脑上的 AR 应用，看到虚拟的小动物出现在我们的房间里，或者在书本上看到 3D 的恐龙，就像它们真的在我们面前一样。

又比如，你正在玩一款游戏，通过手机摄像头看向地面，屏幕上就会显示出一片虚拟的草地，上面有小精灵在跑来跑去，仿佛它们就在你的真实世界中生活。这就是AR技术，它能把虚拟的东西叠加到我们真实的世界里，让我们能够同时看到真实环境和虚拟物体，创造出一种既真实又奇幻的混合体验，是不是很酷呢？

4.VR

VR就是Virtual Reality的缩写，它的意思是虚拟现实。简单来说，VR就像一个超级神奇的魔法帽子，当我们戴上它之后，就会进入一个完全不同的世界。

在这个虚拟的世界里，我们可以看到、听到、感受到各种各样的东西，就好像它们真的存在于我们身边一样。我们可以在太空中漫步、在海底探险……VR技术还可以用来学习、玩游戏、看电影等等，让我们的体验更加真实和有趣。

不过，VR世界虽然很神奇，但我们也要注意保护自己的眼睛和身体，不要沉迷其中太久哦！

5.Big Data

Big Data意思是大数据。大数据就像是一个超级大的图书馆，里面有很多的书。这些书里装满了各种各样的信息，比如我们喜欢看的动画片、玩的游戏，还有我们每天做的事情。

大数据可以帮助我们发现很多有趣的事情。比如，它可以告诉我

们哪个动画片最受欢迎，或者哪个游戏最好玩。它还可以帮助我们更好地了解自己和周围的世界呢！

就像在图书馆里找书一样，我们可以通过大数据找到我们想要的信息，让我们的生活变得更加方便和有趣。

6.ChatGPT

ChatGPT 是由美国人工智能研究实验室 OpenAI 研发的一种大型语言模型。它基于深度学习技术，能够理解并生成人类般的自然语言文本。通过海量的数据训练，ChatGPT 具有广泛的知识覆盖范围和强大的语境理解能力，可以为用户提供包括解答问题、撰写文章、创作故事等多种自然语言处理任务的服务。

此外，ChatGPT 还具备一定的逻辑推理与互动学习能力，在对话过程中可以根据用户输入不断调整输出结果，力求提供准确且符合逻辑的回答。这款智能模型被广泛应用在教育、科研、娱乐等多个领域，并以其高效、灵活的交互体验受到广泛关注。

小探索者们可以把 ChatGPT 想象成一款超级聪明的语言机器人，就像一个能回答各种问题、会讲故事，还能帮人写作业的朋友。你问它什么，它都能用很简单易懂的话回复你。不管是数学题、科学知识，还是生活常识，它都懂得很多。而且，ChatGPT 还可以根据你的对话不断学习和进步，就像一个贴心的智能小助手，随时帮你解决问题。

## 7.Cloud Computing

Cloud Computing 意思是云计算。它就像一个巨大的云端城堡，里面存着所有的数据和工具，大家需要时可以随时取用，而不需要把东西都放在自己的小盒子里。在这个巨大的、神奇的云端城堡里面，装满了无数台超级计算机和巨大的存储空间。这个城堡里的"魔法师"（科学家）把所有的计算机和存储设备连接在一起，形成了一个超级大的资源池。我们故事里面的云小淘，就是一个特别会使用云计算的机器人哦。

而我们的小探索者们，就像故事里的小冒险家，当你需要用到计算能力（如玩游戏、做作业、看动画片等）或者需要存放东西（如照片、视频、文件）的时候，不需要自己拥有一个大大的电脑或硬盘，只需要通过一根叫作"互联网"的魔法绳子，就能从云端城堡借用你需要的力量或者找到你的宝箱。

就像打开水龙头就有水用一样，你只要连上网，就可以随时使用这些强大的计算机服务，并且只需要按照你使用的量来付一点点"金币"（费用）。这样，你就不用操心怎么维护那些复杂的机器，一切都有云端城堡帮你打理好。

所以，云计算就是一种让大家能够方便、快捷地共享和使用强大

计算资源的技术，它让我们的生活变得更加轻松、有趣和高效。

## 8.Deep Learning

Deep Learning 意思是深度学习。它就像是一个很厉害的小魔法师，可以让电脑变得更聪明，它可以教会电脑像我们人类一样学习和理解事物。

比如说，深度学习可以让电脑认识照片里的小动物，或者听懂我们说的话。它就像是给电脑装上了智慧的眼睛和耳朵。

通过深度学习，电脑可以自己学习和进步，变得越来越厉害。它可以帮助我们解决很多难题，让我们的生活变得更方便、更有趣。

深度学习里的"深度"就像是盖房子，一层一层地盖上去，每一层都有不同的作用。在深度学习中，计算机就像一个聪明的小建筑师，它会搭建很多层的神经网络，每一层都能帮助它更好地理解和处理数据。这些层就像楼梯一样，一层比一层深入，所以叫作"深度"。通过这些层层叠加的网络，计算机可以学习更复杂的模式和特征，从而做出更准确的预测和判断。就像我们在学习中不断深入理解知识一样，深度学习也让计算机能够更深入地学习和理解世界，变得更加聪明和强大哦！

## 9.GAN

GAN 是 Generative Adversarial Networks 的缩写，它的意思是生

成式对抗网络。GAN 就好像两个小精灵在比赛，一个小精灵负责创造新的东西，比如画画或者写故事；另一个小精灵呢，则负责判断创造的东西是不是真的。

生成器小精灵就像一个艺术家，它会尝试创造出各种新的东西，比如漂亮的图片或者有趣的故事。而判别器小精灵呢，就像一个评委，它会来判断生成器创造的东西是不是真的。

每次生成器创造出一个新的东西，判别器就会来检查。如果判别器觉得这个东西不太像真的，它就会告诉生成器需要改进的地方。生成器就会根据判别器的反馈，努力学习，下次创造出更逼真的东西。

这样，生成器和判别器就一直在互相学习、互相对抗，生成器想要骗过判别器，判别器则想要找出生成器的破绽。这样，它们就会越变越聪明，最后生成器就能创造出非常逼真的东西。

就像两个好朋友一起玩游戏，互相比赛，谁也不想输，所以都努力变得更厉害。GAN 中的小精灵们也是这样，这两个小精灵会一直互相学习、互相竞争，最后创造出非常逼真的新东西哦！

## 10.Machine Learning

Machine Learning 意思是机器学习，就是让计算机拥有"学习"的能力。计算机就像一个聪明的学生，可以从大量的数据中学习知识和规律。

比如说，我们可以给计算机看很多的照片，然后告诉它哪些是猫，哪些是狗。计算机就会通过这些数据来学习如何区分猫和狗。

机器学习还可以用来预测天气、推荐喜欢的电影、识别语音等。它就像是一个超级小助手，可以帮助我们解决很多复杂的问题。

而且，机器学习还会不断地进步和成长。它会从更多的数据中学习，变得越来越聪明！

## 11.Metaverse

Metaverse 意思是元宇宙，它就像是一个超级大的虚拟世界。在元宇宙里，我们可以有自己的虚拟形象，和其他小伙伴一起玩耍、学习和探索。我们可以建造自己的房子，养小宠物，还可以参加各种有趣的活动。

元宇宙里的一切都很逼真，就像我们真的在另一个世界里一样。我们可以用手触摸东西，感受到风的吹拂，看到美丽的风景。

而且，元宇宙还可以连接现实世界和虚拟世界。我们可以在元宇宙里买东西，然后在现实世界里收到它们；也可以在元宇宙里和朋友聊天，就像在现实中一样。

元宇宙就像是一个充满无限可能的魔法世界，等我们去探索和发现。

## 12.Neural Network

Neural Network 意思是神经网络。神经网络是一种计算机模型，是由许多像神经元一样的小单元组成的。

这些小单元通过连接形成了一个复杂的网络，就像我们大脑中的神经元相互连接一样。神经网络可以学习和处理大量的数据，并通过这些数据来识别模式、做出预测或进行其他任务。比如说，我们给神经网络看很多猫的图片，它就能学会如何识别猫。然后，当我们给它一张新的图片时，它就能告诉我们这是不是一只猫啦！

虽然神经网络的灵感来自人类大脑的神经系统，但它并不是真正的神经网络，也不是属于某个人的。它是一种工具，被科学家和工程师们用来解决各种各样的问题。例如，神经网络可以用来识别图像、语音、预测天气、玩游戏等。它可以在计算机上运行，并通过处理数据来学习和改进自己的表现。

所以，神经网络是一种虚拟的、由计算机程序构建的模型，它可以帮助我们更好地理解和处理复杂的信息。

13.NLP

NLP 是 Natural Language Processing 的缩写，它的意思是自然语言处理。我们每天说的话、写的字，都是自然语言，而 NLP 就是让计算机能够理解和处理这些自然语言的技术。

就像我们学习一门新的语言一样，NLP 帮助计算机理解我们说的话、写的文章。它可以识别文字的意思，回答我们的问题，甚至还能和我们聊天呢！

比如，当我们和手机上的语音助手说话时，NLP 就会在背后工作，理解我们的指令并给出回答。它还可以帮助搜索引擎更好地理解我们的搜索请求，给出更准确的结果。

NLP 就像是给计算机装上了一双听懂自然语言的耳朵和一张会说话的嘴巴，让我们和计算机的交流变得更加容易和自然。

14.Prompt

Prompt 意思是提示词，可以看作是给计算机的一个小提示或者小指令。就像我们玩游戏时，需要根据提示来完成任务一样。

比如说，如果我们想让计算机画一只猫，我们就可以给它一个 Prompt，比如"画一只可爱的猫"或者"在草地上画一只灰色的猫"。

Prompt 就像是给计算机的一个指引，让它知道我们想要什么。然后，计算机就会根据 Prompt 来生成相应的内容，比如画出一只猫的图片或者写出一篇关于猫的故事。

Prompt 就像是和计算机之间的秘密暗号，让我们可以更好地和它沟通，让它为我们做更多有意义的事情呢！